RE公務員綜合招聘考試

U0152182

公務員招聘

中文運用

精讀王 NOTE

RE各項能力 極速提升
鬆成為薪優糧準公務員

1資深大專課程導師編撰
1目緊貼CRE形式及深淺
1擬試卷及答案詳盡講解

Fong Sir 著

序言

公務員薪高糧準，要成功通過公務員招聘，以學位／專業程度職系而言，最基本的要求就是通過公務員綜合招聘考試（Common Recruitment Examination-CRE），該測試首先包括三張各為45分鐘的多項選擇題試卷，分別是「中文運用」、「英文運用」、和「能力傾向測試」，其目的是評核考生的中、英語文能力及推理能力。

之後是「基本法測試」試卷，基本法測試同樣是以選擇題形式作答之試卷，全卷合共15題，考生必須於20分鐘內完成。而基本法測試本身並無設定及格分數，滿分則為100分。基本法測試的成績，會對於應徵「學位或專業程度公務員職位」的人士佔其整體表現的一個適當的比重。

然而，一些考生雖有志加入公務員行列，但礙於此一門檻，因而未能加入公務員團隊。

有見及此，本書特為應考公務員綜合招聘試的考生提供試前準備，希望考生能熟習各種題型及答題方法。可是要在45分鐘之內完成全卷對大部分考生而言確有一定的難度。因此，答題的時間分配也是通過該試的關鍵之一。考生宜通過本書的模擬測試，了解自己的強弱所在，從而制訂最適合自己的考試策略。

此外，考生也應明白任何一種能力的培訓，固然不可能一蹴而就，所以宜多加推敲部分附有解説的答案，先從準確入手，再提升答題速度。考生如能善用本書，對於應付公務員綜合招聘考試有很大的幫助。

目錄

題庫練習一

（一）閱讀理解

A. 文章閱讀

在這部分，考生須閱讀一篇題材與日常生活或工作有關的文章，然後回答問題。題目在於測試考生在理解和掌握文章意旨、深層意義、辨別事實與意見、詮釋資料等方面的能力。

PART ONE
題庫練習

PART TWO
模擬試卷

PART THREE
考生急症室

【練習一】

斑頭雁冬天的棲息地與海平面齊平，為了飛到夏繁殖地，斑頭雁至少要飛到海拔5,000米的高度，才能飛越橫互其間的喜馬拉雅山脈。在這個高度，空氣密度大概只有海平面的一半，鳥通過振動翅膀產生升力，就要消耗更多能量，要更難獲得飛行中需要的氧氣。然而研究發現，它們通常一天之內就可以飛越喜馬拉雅山，這些鳥本可以充分借助白天吹上山脊的南風來減少能量消耗，然而它們卻要等到相對平靜的夜晚，完全靠體力完成這一飛越。在飛行中，後面的鳥通常飛在前一隻鳥的側後方，形成「人」字隊形。關於這種隊形，有兩種觀點比較流行。

第一種觀點認為，人字隊形與定向有關。斑頭雁飛越喜馬拉雅山時，需要找到和穿越幾個高海拔的通道。斑頭雁一生中會多次遷徙，通常由年長而有經驗的斑頭雁在前面帶路。但為什麼鳥要保持人字形，而不是一隻緊跟一隻？另外，似乎只有斑頭雁這種體形較大的鳥才保持隊形，小型候鳥成群遷飛時，通常是沒有隊形的，雖然它們也需要定向。

第二種觀點認為，這與速滑團體項目類似。為了減少因克服空氣阻力而產生的體能消耗，速滑運動員會以一種緊湊隊形前進，一名運動員在前，另外三名依次緊隨其後。開路的運動員由於需要克服全部阻力，很容易筋疲力盡，因此他們會輪流在前。與之類似，帶路的斑頭雁也會不時與後面的鳥換位，但是

為什麼斑頭雁不以直線隊形飛行？飛行運動除了要克服水平方向上的空氣阻力，還需要產生上升力以保持飛行狀態。也許飛行時稍微偏移位於前面的同伴，雖然不能在最大程度上減少空氣阻力，卻能在某種程度上減少為保持升力而消耗的體能。

事實上，我們有足夠的理由相信這一推斷。飛行中，鳥的翅膀會形成一股渦旋狀的循環氣流。來自右翅的渦流逆時針旋轉，來自左翅的渦流則順時針旋轉，在鳥正後方，兩股渦流都是向下的，兩側的氣流都是向上的。如果鳥飛在同伴的正後方，則將處在向下的氣流中，這會增加維持飛行狀態的能耗；當位於同伴的後側方時，則可利用向上的氣流，得到升力。因為鳥的翅膀上下振動，所產生的渦流會隨時間、空氣不斷變化。若想從空氣渦流中獲益，飛行時所處的位置必須非常精確。有人認為，這可能解釋了為何只有體型較大的鳥類才以一定隊形遷飛，因為鳥拍打翅膀的頻率與體型成反比。體型較小的鳥不太可能準確跟蹤渦流。

1. 下列哪項說法被用來反駁第一種觀點？

    A. 由於遷徙路途遙遠，斑頭雁一生只會遷徙一次

    B. 在隊伍中領頭的斑頭雁是年輕而且強壯的公雁

PART ONE
題庫練習

PART TWO
模擬試卷

PART THREE
考生急症室

C. 體型小的候鳥在遷徙時無需定向也能找到目的地

D. 體型小的候鳥在遷徙時往往不會保持固定的隊形

2. 根據本文，速滑團體項目與斑頭雁遷徙活動之間的主要區別在於：

A. 前者需要不時更換領頭者，後者無需更換

B. 前者是滑行，後者是飛行，還需維持升力

C. 前者追求速度的均衡，後者需迅速提升到某一速度

D. 前者需最大程度地克服空氣阻力，後者是最大程度地利用

3. 文中的「這一推斷」是指：

A. 人字隊形可最大程度地降低體能消耗

B. 直線隊形可最大程度地減少空氣阻力

C. 直線隊形更有利於斑頭雁的迅速遷徙

D. 速滑運動模仿了斑頭雁遷徙時的隊形

4. 本文主要說明了：

A. 斑頭雁的遷徙旅程

B. 鳥類遷徙時最省力的隊形

C. 地理環境對遷徙的影響

D. 人類從鳥類學到的本領

【練習二】

每個人對於自己要成為一個什麼樣的人，都應該有一個自我設計。但這種應該是相對模糊的，是不完美的和有待修正的。可生活中偏偏就有人跟自己較勁，覺得自己這也不行，那也不好，覺得現實中的自己距離設計中的自己相差太多，並因而痛苦不堪。其實這些人往往忽視了一個最基本的現實，就是人人都有缺陷。「玉，有點瑕疵才是真的。」

有一位腿有殘疾的私營企業主，經過自己十幾年的奮鬥拼搏，終於成了聞名遐邇的雕刻家和經營雕刻精品的大老闆。有人對他說：「你如果不是殘疾，恐怕會更有成就。」他卻淡然一笑說：「你說得也許有道理，但我並不感到遺憾。因為如果沒得小兒麻痺症，我肯定早下地當了農民，哪有時間堅持學習，掌握一技之長？我應該感謝上帝給了我一個殘疾的身體。」還有羅斯福和丘吉爾，羅斯福曾連任四屆美國總統，但很少有人知道他曾經是一個信奉巫神、酗酒成癖的人；丘吉爾是英國歷史上最著名的首相，1953年獲諾貝爾獎，但他也曾經是一個貪睡、貪酒的人，還曾因吸食鴉片兩次被趕出辦公室。但他們都痛苦地改掉了自己年輕時不良嗜好，經過不懈的努力，成就了偉大的事業。【　】。

完美欲是人類的天性之一，有了它，人類才會用不滿足地向前發展。我們要努力追求完美，但同時我們必須學會接納我們的

PART ONE
題庫練習

PART TWO
模擬試卷

PART THREE
考生急症室

不完美。

不能接納自己的不完美，源自我們常常拿理想的自我與現實的自我進行比較而產生的焦慮感。必須明白，理想的自我是要經過若干年成一生的不懈努力才能接近而始終不能百分之百達到的一個終極目標，只要每天進步一點，快樂一點，我們離目標也就近了一點。（　）因為不能接納自己的缺陷而生出健忘失眠等痛苦，只能使我們離目標越來越遠。不能接納自己的不完美，還源自和別人不正確的比較而產生的自卑感。拿自己與高過自己一大截的人比，拿自己的缺點與別人的優點比，拿自己的各個方面分別與不同人的優點比，比較的結果是事事不如人，誰都比自己好。

其實，每個人都有足以讓自己確立自信的優於別人的長處。「一棵樹，如果花不鮮艷，也許葉子會綠得青翠欲滴；如果花和葉子都不漂亮，也許枝幹會長得錯落有致；如果花、葉子和枝幹都不漂亮，也許它處的位置很好，在藍天的映襯綽約多姿。

席勒曾經給成年人寫過一篇童話：一個圓的一部分切去了，它希望自己是一個完美的圓，因此它就四處尋找它遺失的那一部分。但因為它不是一個完整的圓，所以只能漫漫滾動，由此得以沿途欣賞花草的芬芳，陽光的燦爛，並與蚯蚓娓娓而談。有

一天，它終於找到了自己遺失的部分，它高興極了，因為它又是一個完美的圓。它又開始飛快地滾動，它在快速滾動中發現世界整個變了樣，許多美好的東西都失去了，於是它又停下來，毫不猶豫地將千辛萬苦找回的部分丟在路邊，然後漫漫滾動著向前走去……

人生就是如此，不完美才是真的，只要我們真誠地面對，有點缺憾，人生照樣精彩。

1. 根據文意，下列選項中，不屬於人們「不能接納自己的不完美」的主要原因的是：

    A. 理想自我和現實自我比較產生的焦慮

    B. 不滿現狀，不接納自己缺陷產生的痛苦

    C. 急於達到終極目標而產生的焦慮

    D. 不正確的比較帶來的自卑

2. 作者引用席勒的童話的目的是：

    A. 告訴人們月滿則虧，水滿則溢

    B. 告訴人們追求圓滿的結局往往是不圓滿

    C. 告訴人們人生有時需要不完美

    D. 告訴人們追求完美是辦不到的

PART ONE
題庫練習

PART TWO
模擬試卷

PART THREE
考生急症室

3. 下列選項中，適合填在本文第二個自然段【 】處的是：

A. 正所謂「苦盡甘來，否極泰來」

B. 正所謂「功夫不負有心人」

C. 正所謂「沉舟側畔千帆過，病樹前頭萬木春」

D. 正所謂「乘風破浪會有時，直掛雲帆濟滄海」

4. 下列選項中，符合作者觀點的是：

A. 人生是不完美和有待修正的，要勇於正視自己的缺陷，學
會接納自己的不完美

B. 人生不必追求完美，正視現實最重要

C. 追求完美的人往往是最不幸福的人

D. 人要學會拿自己的優點和別人的缺點進行比較

5. 文中（　　）處，應填入的詞語是：

A. 倘若

B. 即使

C. 之所以

D. 抑或

【練習三】

睡眠是大腦為維持正常機能而產生的（　　）抑制狀態。通過對整個睡眠過程的仔細觀察，發現它具有兩種不同的狀態：其一為腦電波呈現同步化慢波的時相，稱為慢波睡眠；其二是腦電波呈現去同步化快波的時相，稱為快波睡眠。

人們在剛剛入睡後的睡眠大都屬於慢波睡眠。根據腦電波的變化特徵，慢波睡眠時相可以分為1、2、3、4期。這四個期代表著睡眠由淺入深的過程。1期：呈現低振幅的腦電波，頻率快慢混合，以4至7次/秒的「θ波」為主。這一時期一般是在睡眠開始或夜間短暫蘇醒又入睡之時。2期：也呈現低振幅的腦電波，中間常出現短串的12至14次/秒的梭形睡眠波和一些複合波。這一時期是慢波睡眠的主要成分，代表著淺睡過程。3期：常呈現短暫的高振幅、頻率為1至2次/秒的「δ波」。4期：腦電波也是呈現出高振幅波形且以「δ波」為主，代表著深睡狀態。3期和4期僅有量的不同而無質的差別。通常認為，4期慢波睡眠具有促進精力和體力恢復的功能。

快波睡眠是睡眠過程中周期性出現的一種激動狀態，其腦電圖與覺醒時相似，呈現低振幅的去同步化快波，也稱為異相睡眠。並且，由於這種類型的睡眠常伴隨著眼球的快速運動，所以也被稱為快速眼球運動睡眠。快波睡眠可能與腦的發育和記憶的鞏固有關。

1. 第一段括號處恰當的措辭是：

   A. 自我

   B. 自動

   C. 自律

   D. 自然

2. 下列理解，不符合文意的一項是：

   A. 慢波睡眠是睡眠過程中腦電波呈現同步化時相

   B. 慢波睡眠從第1期到第4期代表著睡眠由淺入深的過程

   C. 慢波睡眠都有促進精力和體力恢復的功能

   D. 慢波睡眠一般不伴有眼球的快速運動

3. 根據上文，以下哪項不能作為慢波睡眠分期的依據？

   A. 腦電波振幅

   B. 腦電波頻率

   C. 腦電波形

   D. 入睡時間

4. 關於慢波睡眠與快波睡眠的區別，以下哪項是不正確的？

　　A. 慢波睡眠時睡眠較深，快波睡眠時類似覺醒狀態

　　B. 慢波睡眠呈同步化慢波，快波睡眠呈去同步化快波

　　C. 慢波睡眠分期，快波睡眠不分期

　　D. 慢波睡眠一般無快速眼動，快波睡眠常伴有快速眼球運動

5. 根據原文，得出的以下哪項推論是錯誤的？

　　A. 快波睡眠一般在慢波睡眠之後出現

　　B. 慢波睡眠1期腦電頻率不超過7次/秒

　　C. 慢波睡眠和快波睡眠具有不同的生理功能

　　D. 快波睡眠相比慢波睡眠而言，會出現呼吸、心率增快

PART ONE
題庫練習

PART TWO
模擬試卷

PART THREE
考生急症室

【練習四】

當前，海洋的污染正在日趨加劇，其中海洋的石油污染尤為嚴重。這是由於石油在工業化中的重要作用，以及全球石油分布的嚴重不均衡性，使石油的運輸顯得格外重要。由於大型油輪的營運成本較低，而經濟效益卻很高，因此，在現代技術所能達到的範圍內，建造的油輪噸位越來越大，往往在20萬噸以上。目前，世界所需石油的2/3經海路運輸，經常運行在航道上的油輪大約有7,000艘之多。大型油輪失事以後，其中的原油部分或全部流人海洋中，從而造成嚴重的海洋石油污染。此外，近海採油平台及輸油管的石油泄漏事故，也是造成海洋石油污染的重要原因。這些海洋石油污染給海洋生態帶來嚴重危害。石油溢出後，使污染區內的甲殼類和魚類迅速死亡，海鳥也難以幸免。因為原油能損害羽毛的功能，使海鳥體溫降低，其游泳和飛翔能力降低，最後凍餓而死。據統計，每年死於石油污染的海鳥多達數十萬只，而甲殼類和魚類根本無法統計。不透明的油膜降低了光的通透性，使受污染海域藻類的光合作用受到嚴重影響，其結果一方面使海洋產氧量減少；另一方面，藻類生長不良也影響和制約了海洋動物的生長和繁殖，從而對整個海洋生態系統發生影響。

海面浮油內的一些有毒物質會進入海洋生物的食物鏈，據分析，污染海域的魚蝦及甲殼類致癌物濃度明顯增高。

海面浮油還可萃取分散於海水中的氯烴，如DDT、毒殺芬等

農藥和聚氯聯苯等，並把這些毒物濃集到海水表層，對浮游生物、甲殼類動物和晚上浮上海面活動的魚苗產生有害影響，甚至直接觸殺。石油一旦泄漏而流入海洋後應及時採取的措施，目前主要仍是採用圍欄將海洋表面的泄油圍住，以避免再進一步大面積的擴展，然後要盡快地用清污船將石油收集起來。

進入海洋的石油，一部分可直接揮發而進入空氣；一部分受紫外線作用可發生光極慢地化學分解，而絕大部分石油污染都要依靠微生物的降解作用來淨化。能降解石油的微生物種類很多，目前已經知道細菌、放線菌、真菌中有70個屬，約200多個種能氧化降解石油。在近海、海灣等處，因海水中含有豐富的N、P等營養物質，石油降解菌的數量較多，石油流入此海域後，較容易被氧化分解掉。然而，由於外洋海水中N、P等營養物質的缺乏，石油降解菌的增殖受到制約，那裡的石油降解菌很少，一旦污染，很不容易很快消除。

1. 下列對造成海洋石油污染的原因的理解，正確的一項是：

    A. 石油在工業化中具有重要作用

    B. 全球石油分布嚴重不均衡

    C. 大型油輪營運成本較低，經濟效益高

    D. 近海採油平台及輸油管的石油泄漏事故

PART ONE
題庫練習

PART TWO
模擬試卷

PART THREE
考生急症室

2. 下列對「這些海洋石油污染給海洋生態帶來嚴重危害」這句話的理解，錯誤的一項是：

A. 石油溢出後，使污染區內的甲殼類、魚類及海鳥遭遇滅頂之災

B. 不透明的油膜使受污染海域藻類的光合作用受到嚴重影響

C. 海面浮油導致污染海域的魚蝦及甲殼類致癌物濃度明顯增高

D. 海面浮油中的氯烴，對許多海洋生物產生有害影響，甚至直接觸殺

3. 下列對海洋石油污染淨化的表述，不正確的一項是：

A. 將海洋表面的泄油圍住，用清污船將石油收集起來是目前主要的淨化方法

B. 進入海洋的石油，一小部分可以通過揮發和化學分解得到淨化

C. 在近海、海灣等處，因石油降解菌的數量較多，石油污染很容易被氧化分解掉

D. 由於外洋海水中石油降解菌很少，一旦污染，很不容易很快消除

4. 根據原文所提供的信息，以下推斷不正確的一項是：

A. 防止石油的運輸過程中大型油輪失事的石油泄漏、近海採油平台及輸油管的石油泄漏，是目前防治海洋石油污染的重要方法

B. 海面浮油內的一些有毒物質會進入海洋生物的食物鏈，其結果一方面對海洋生物有毒害作用，另一方面可通過食物鏈最終對人類健康造成嚴重危害

C. 在近海、海灣等處，因海水中含有豐富的N、P等營養物質，石油降解菌的數量較多，微生物的降解作用是海洋石油污染的主要淨化方法

D. 當前海洋的石油污染嚴重，而無論是人工治理還是依靠自然淨化都很困難，如何從各個方面努力防治、消除它，至今仍是一個世界性的難題

PART ONE
題庫練習

PART TWO
模擬試卷

PART THREE
考生急症室

【練習五】

在大學裡講美學，我不太會用到「競爭力」。美可能是一朵花，很難去想像如果我凝視這朵花，跟競爭力有什麼關係。

我曾在美索不達米亞發現八千年前的一個雕刻：一個女孩子從地上撿起一朵落花聞。這個季節走過北京，如果地上有一朵落花，很可能一個北京的女孩子，也會把它揀起來聞。這是一個美的動作，它不是今天才發生的，八千年前的藝術品裡就有。所以我在大學上美學課不談競爭力，就談這朵花。

那時，我在台灣中部的東海大學。校園很大，整個大度山都是它的校園，校園裡到處都是花，每年四月開到滿眼繚亂。教室的窗戶打開，學生們根本不聽我講課。剛開始我有一點生氣，可是我想，要講美，我所有的語言加起來其實也比不上一朵花。所以我就做了一個決定：「你們既然沒辦法專心聽課，我們就去外面。」他們全體歡呼，坐在花樹底下：我問：為什麼你覺得花美？有說形狀美，有說色彩美，有說花有香味……

把這一切加起來，我們赫然發現：花是一種競爭力。它的美其實是一個計謀，用來招蜂引蝶，其背後其實是延續生命的旺盛願望。植物學家告訴我，花的美是在上億年的競爭中形成的，不美的都被淘汰了。為什麼白色的花香味通常都特別濃郁，因為它沒有色彩去招蜂引蝶，只能靠嗅覺。我們經常贊嘆花香花美，「香」和「美」這些看起來可有可無的字，背後隱藏著生存的艱難。

後來我跟學生做一個實驗，我們用布把眼睛蒙起來，用嗅覺判斷哪是含笑，哪是百合，哪是梔子，哪是玉蘭……這個練習告訴我們，具體描述某一株花「香」是沒有意義的，每種花的香味都不一樣，含笑帶一點甜香，茉莉的香氣淡遠……美是什麼？另一種物種沒法取代才構成美的條件。我問學植物的朋友：如果含笑香味和百合一樣會怎樣？他說：「那它會被淘汰了，因為它東施效顰，沒有找到自己存在的理由。」所以我常常給美下一個定義：美是回來做自己。

1. 對「花是一種競爭力」的理解，不符合短文原意的一項是：

   A. 白色的花不參與競爭

   B. 花在生長過程中必然經歷激烈競爭

   C. 花經歷了千百年的優勝劣汰

   D. 花需要吸引蜂蝶傳授花粉

2. 關於「美是回來做自己」，最符合短文原意的一項是：

   A. 人需要自我觀照

   B. 美是生物生存的需要

   C. 一個美的動作可以跨越千年

   D. 凸顯個性的需求

PART ONE
題庫練習
PART TWO
模擬試卷
PART THREE
考生急症室

3. 最符合本文主旨的是：

    A. 美是一種看不見的競爭力

    B. 美是對像化了的人的本質

    C. 美在心靈

    D. 美是天人合一

4. 具體描述某一株花「香」是沒有意義的，對這一說法理解錯誤的一項是：

    A. 每種花的香味都不一樣，比較沒有意義

    B. 每種花的香味都不一樣，無法量化

    C. 每種花的香味都不一樣，人的嗅覺難以具體判斷

    D. 每種花的香味都不一樣，各具特色

5. 下列各項中，哪一項無法從文中看出：

    A. 作者十分重視美學教育

    B. 作者將美育與德育相結合

    C. 作者採用了情境教學的方法

    D. 作者將生命體驗引入教學

【練習六】

所謂熱污染，是指現代工業生產和生活中排放的廢熱所造成的環境污染。熱污染可以污染大氣和水體。火力發電廠排出的生產性廢水中均含有大量的廢熱。這些廢熱排入地面水體後，能夠使水溫升高。在工業發達的美國，每天排放的冷卻水達4.5億立方米，接近全國用水的1/3。這些廢水含熱量約2,500億千卡，足夠使2.5億立方米的水溫升高10℃。

熱污染首當其衝的受害者是水生生物，由於水溫升高使水中溶解氧減少，水體處於缺氧狀態，同時又使水生生物代謝率增高而需要更多的氧，造成一些水生生物在熱效力的作用下發育受阻或死亡，從而影響環境和生態平衡。此外，河水水溫上升給一些致病微生物造成一個人工溫床，使它們得以滋生、泛濫，引起疾病流行，危害人類健康。1965年，澳洲曾流行過一種腦膜炎，後經科學家證實，其禍根是一種變形蟲，由於發電廠排出的熱水使河水溫度升高，這種變形蟲在溫水中大量孳生，造成水源污染而引起了這次腦膜炎的流行。

隨著人口和耗電量的增長，城市排入大氣的熱量日益增多。按照熱力學定律，人類使用的全部能量將轉化為熱，傳入大氣，逸向天空。這樣一來，上升氣流減弱，阻礙了雲雨的形成，造成了局部乾旱，影響農作物的生長。近一個世紀以來，地球大氣中的二氧化碳不斷增加，氣候變暖，冰川積雪融化，使海水

PART ONE
題庫練習

PART TWO
模擬試卷

PART THREE
考生急症室

水位上升，一些原本十分炎熱的城市變得更熱。專家們預測，如按現在能源消耗速度計算，一個世紀後全球溫度會發生重大的變化。

造成熱污染最根本的原因是能源未能被最有效、最合理地使用。隨著現代工業的發展和人口的不斷增長，環境熱污染將日益嚴重。然而，人們尚未有一個量值來規定其污染程度，這表明人民並未對熱污染有足夠的重視。為此，科學家呼籲盡快制定環境熱污染的控制標準，採取有效措施防止熱污染。

1. 下列關於「熱污染」理解正確的一項是：

A. 「熱污染」是一種包括大氣和水體污染在內的環境污染

B. 「熱污染」的熱量來源是人類歷史進程中工業污染和生活排放的廢熱

C. 地面水溫升高是廢熱對水體污染的直接表現

D. 「熱污染」是由於對能源利用缺乏先進的技術造成的

2. 下列有關第二段內容的理解不正確的一項是：

A. 由於水溫升高，水中溶解的氧減少，同時，水生生物代謝加快，造成了水生生物缺氧直接受損

B. 熱污染不僅造成了環境污染，破壞了生態平衡，而且危害人類健康，這些已被事實證明了

C. 1965年，澳洲流行腦膜炎的根本原因是工廠排放的熱水，使變形蟲大量繁殖，進而污染了水源

D. 河水水溫上升給所有微生物造成了一個人工溫床，使它們大量繁殖，引起疾病流行

3. 下列有關第三段內容的表述不正確的一項是：

A. 現代工業的發展和人類歷史的發展過程中，人類消耗的能量，最終只能轉化為熱，傳入大氣，逸向天空

B. 由於地面對太陽熱能的反射率增高，吸收太陽輻射減少，空氣流動減弱，從而阻礙了雲雨的形成

C. 由於二氧化碳不斷增加，氣候變暖，冰川積雪融化，使海水水位上升，一些原本炎熱的城市，變得更加的炎熱

D. 按照現在的能源消耗速度計算，一個世紀以後，全球氣溫將發生重大變化

PART ONE
題庫練習

PART TWO
模擬試卷

PART THREE
考生急症室

4. 根據原文推斷，解決「熱污染」的最佳途徑是：

　　A. 發展高科技，提高現代化的工業生產技術水平

　　B. 減少人口，減少能量消耗

　　C. 引起重視，合理、有效利用能源

　　D. 制定控制標準，採取有效的防治措施

5. 下列選項中，符合本文文意的一項是：

　　A. 「熱污染」主要來源於工業廢水

　　B. 「熱污染」主要受害者是水生生物

　　C. 局部乾旱是「熱污染」產生的惡果之一

　　D. 至今我們還沒有有效治理「熱污染」的方法

【練習七】

近百年來，全球氣候變暖是個不爭的事實，對於全球氣候變暖，之前普遍認為「極其可能」是人類影響造成的。但是有地質學家最近提出了一個新觀點——氣候變暖變化存在約500年的自然周期，近百年來的全球氣候變暖，剛好位於最近一次500年周期的暖相位上。該研究還認為：今年已經達到這一暖相位的峰值位置，接下來有進入冷相位的趨勢，即將開始百年氣候變冷周期，這有可能減緩人類活動導致的全球變暖。

通過東北龍崗火山區的小龍灣瑪珥湖年紋層沉積可以準確定年，科學家就利用這一優勢，分析了5350年以來小龍灣瑪珥湖周邊地區植物花粉種類的變化。在植物花粉含量的變化中，有兩種花粉（適合寒冷氣候的松樹花粉和適合溫暖氣候的櫟屬花粉）的含量相互消長，呈現周期性變化。

根據松樹花粉增加和櫟屬花粉減少的峰值，指示的氣候最寒冷時期先後出現在公元前2700年、公元年2200年、公元前1600年、公元年1200年、公元年900年、公元前600年、公元前300年，以及公元200年、700年、1200年和1800年前後，約年500年出現一次寒冷期。花粉含量的譜分析結果也呈現出顯著的500年周期。

在中國歷史上，1550年至1851年，明嘉靖至清道光年間，中國曾發生大規模極寒天氣，被稱為「明清小冰期」。中國著名科

PART ONE
題庫練習

PART TWO
模擬試卷

PART THREE
考生急症室

學家竺可楨在這方面卓有成果，他注意到，清朝初年歷史學家談遷寫了一本《北游錄》，裡面提到當時不但中國北方寒冷，就連江南也出現了河面結冰的情形。1654年（順治十一年）11月，京杭大運河的吳江段冰厚三尺多，從吳江一直凍到嘉興，要壯士鑿冰，每天才能前行3、4公里。陽曆11月南運河封凍，這在歷史上是少有的。

由於溫度下降，中國的農業經濟也遭受了打擊。清朝葉夢珠編輯的《閱世編》記載，江西柑橘本是貢品，當地家家戶戶廣泛栽種。然而，在「明清小冰期」最盛的順治、康熙年間，橘樹常常被凍死，橘農嚇得不敢再種橘樹。

「明清小冰期」應該算得上是距離今最近的一次寒冷時期了。中科院的研究認為，大約從公元1830年開始了一個暖期，現在處於最近一次500年周期的暖相位上，可能已經達到峰值位置，有進入冷相位的趨勢，這有可能減緩人類活動導致的全球變暖。

1.　下列最適合作為本文關鍵詞的一項是：

　　A. 500年周期 全球氣候

　　B. 明清小冰期 竺可楨

　　C. 峰值 花粉含量譜分析

　　D. 暖相位 冷相位

2. 關於科學家的研究，下列說法不正確的是：

　　A. 全球氣候變暖為自然周期所致

　　B. 東北氣候變化研究的時間跨度超過5000年

　　C. 未來有進入氣候冷相位的趨勢

　　D. 花粉含量分析是氣候研究的最有效手段

3. 根據本文，下列說法正確的是：

　　A. 小龍灣瑪珥湖年紋層沉積可以顯示氣候變暖

　　B. 松樹和櫟屬植物適合在寒冷氣候中生長

　　C. 花粉含量變化顯示屬於氣候呈現冷暖周期

　　D. 氣候研究最可靠的數據多集中在公元前

4. 關於「明清小冰期」，下列說法有誤的是：

　　A. 京杭運河南段出現了少有的封凍現像

　　B. 竺可楨的《北游錄》記載了當時的狀況

　　C. 江西的柑橘種植遭受了嚴重打擊

　　D. 曾出現過中國歷史上大規模的極寒天氣

PART ONE
題庫練習

PART TWO
模擬試卷

PART THREE
考生急症室

5. 這段文字主要：

 A. 預測全球氣候變化的趨勢

 B. 探討全球氣候變暖的原因

 C. 介紹氣候變化研究的新成果

 D. 論證人類活動對氣候的影響

答案與解析：

【練習一】

1. D

解析：第一種觀點為「人字隊形與定向有關」。後文的描述舉例中，最後一句提到「小型候鳥成群遷飛時，通常是沒有隊形的，雖然它們也需要定向」，即說明小型候鳥也定向，卻沒有隊形，很好的否定了首句的觀點。D項正確。A、B兩項均為無關選項，C項「無需定向」的表述與原文不符，均排除。故本題答案為D選項。

2. B

解析：文章指出速滑團體項目與斑頭雁遷徙活動之間的區別，即「飛行運動除了要克服水平方向上的空氣阻力，還需要產生上升力以保持飛行狀態」，匹配選項可知，B項正確，A、C、D三項均無此意。故本題答案為B選項。

3. A

解析：「這一推斷」出現在文章的第4自然段開頭，那麼，根據指代就近原則，就近指代第三段末尾的觀點，即「飛行時稍微偏移位於前面

的同伴……卻能在某種程度上減少為保持升力而消耗的體能」，匹配選項可知，A項正確。B、C、D三項均無此意。故本題答案為A選項。

4. B

解析：該篇文章一共4個自然段，均圍繞著「鳥類飛行的『人字形』隊形」來討論，最後一段揭示出原因，即如此飛行是為了節省體力。由此可知，該文章的主旨是鳥類遷徙時的省力隊形。B項正確。故本題答案為B選項。

【練習二】

1. B

解析：此題為細節判斷題。第四段的「因為不能接納自己的缺陷而生出健忘、失眠等痛苦」中的「自己的缺陷」即「自己的不完美」，由此可知B項中的「痛苦」是「不能接納自己的不完美」所導致的結果，而非「不能接納自己的不完美」的原因。故正確答案為B。

2. C

解析：此題為隱含主旨題。席勒的童話講的是原本追求圓滿，但追求到後發現圓滿的同時也失去了很多

PART ONE
題庫練習

PART TWO
模擬試卷

PART THREE
考生急症室

美好，又重新回到不圓滿的狀態，説明了「圓滿不一定是最好的」這個道理；並且童話的下一段也由此引出作者的意圖，「人生就是如此，不完美才是真的」，因此C項最符合題意。故正確答案為C。

3. B

解析：此題為語句填空題。第二自然段中的企業主、羅斯福、丘吉爾都是有缺陷的人，但通過「奮鬥」「努力」都最終獲得成功，強調的是逆境中的主觀努力，因此B項最符合語境，為正確答案。A項只提逆境的轉變，沒有強調主觀努力；C項強調的是在逆境中的樂觀心態；D項強調的是對未來的希望和信心。故正確答案為B。

4. A

解析：此題為細節判斷題。根據文章最後一段可知，A項正確；由第三自然段最後一句可知B、C項錯誤；D項不是作者的本意。故正確答案為A。

5. A

解析：此題為虛詞填空題。「倘若」用在偏正復句中的偏句中，表示假設關係，相當於「如果」、「假使」。「即使」表示承認某種事實，暫讓一步，在正句裡常用「也」呼應，説出結論。「之所以」為連詞，位於句首時引出結果，其後常用「是因為」來引出原因。「抑或」指或是、還是，連詞，表示選擇關係。

根據上下文判斷，文中（　）處應填入表假設的詞。A項符合文意；B項除了假設之外，還有讓步的含義，不合文意；C項不合文意，空格處後引出的是原因；D項表選擇關係，不合文意。故正確答案為A。

【練習三】

1. C

解析：本題屬於邏輯填空題。文章中説的是大腦為了維持正常機能，而進行的自我管理行為。選項中，C項「自律」指行為主體的自我約束和自我管理，填入此處符合文意。「自我」指自己對自己，「自動」是説自己主動做某事，「自然」指天然的，非人為的或不做作。這三個詞語都沒有「管理」之意，不合語境。故正確答案為C。

2. C

解析：本題屬於細節判斷題。C項説法錯誤，第二段末句指出只有第4期的慢波睡眠具有促進精力和體力恢

復的功能。由第一段中「腦電波呈現同步化慢波的時相，稱為慢波睡眠」可知A項說法正確；根據「根據腦電波的變化特徵，慢波睡眠時相可以分為1、2、3、4期，這四個期代表著睡眠由淺入深的過程」可知B項表述符合文意；D項說法正確，由文章最後一句話可知伴隨著眼球快速運動的是快速眼球運動睡眠，慢波睡眠一般是沒有此種眼球運動的。故正確答案為C。

3. D

解析：本題屬於細節判斷題。文章第二段指出根據腦電波的變化特徵，慢波睡眠時相可以分為四期，接下來文章又闡述了不同階段的腦電波變化特徵，即振幅、頻率和波形的變化。由此可知，D項入睡時間並非分期依據。故正確答案為D。

4. A

解析：本題屬於細節判斷題。第三段首句提到快波睡眠時其腦電圖是與覺醒時相似，而非快波睡眠時人的睡眠就很淺，和覺醒狀態一樣，由此可知A項說法錯誤。B項正確，由文章首段第二句話可以推斷得出；C項正確，第二段指出慢波睡眠分為4期，第三段點明快波睡眠是睡眠過程中周期出現的激動狀態，沒有分期；D項正確，由第三段可知快速眼動是快波睡眠時的特點，而慢波睡眠一般是沒有快速眼動的。故正確答案為A。

5. B

解析：本題屬於細節判斷題。B項說法錯誤，第二段提到慢波睡眠1期時腦電波頻率以4至7次/秒的「θ波」為主，由此可知此時腦電頻率也可能會超過7次/秒。A項正確，第二段指出人們在剛入睡後的睡眠都是慢波睡眠，由此可知快波睡眠一般是在慢波睡眠之後出現的；C項表述正確，第二段指出4期慢波睡眠具有促進精力，和體力恢復的功能，第三段末尾指出快波睡眠可能與腦的發育和記憶的鞏固有關，由此可知這兩種睡眠狀態有不同的生理功能；D項說法正確，快波睡眠是睡眠過程中周期性出現的一種激動狀態，由於是激動狀態，其呼吸和心率要比慢波睡眠時快。故正確答案為B。

【練習四】

1. D

解析：此題考查細節判斷的原因分析。由材料第一段「近海採油平台及輸油管的石油泄漏事故，也是造成海洋石油污染的重要原因」這句話可知，D項內容表述正確。A、B

PART ONE
題庫練習

PART TWO
模擬試卷

PART THREE
考生急症室

項是石油的運輸顯得格外重要的原因，C項是廣泛使用大型油輪運輸石油的原因，與題幹要求不合，予以排除。故正確答案為D。

2. D

解析：此題考查語句理解。定位材料第三段，由「海面浮油還可萃取分散於海水中的氯烴」可知氯烴並不在海面浮油，D項表述不當。A、B、C三項都為海洋石油污染帶來的危害。故正確答案為D。

3. C

解析：此題考查細節判斷。定位原文最後一段，原文說的是「石油流入此海域後，較容易被氧化分解掉」，而不是「很容易被氧化分解掉」，C項偷換概念，表述不當。A、B項都是目前海洋石油污染的淨化方式，D項內容符合材料最後一句話的表述。故正確答案為C。

4. C

解析：此題屬於細節判斷題。根據材料第三段「石油一旦泄漏而流入海洋後應及時採取的措施，目前主要仍是採用圍欄將海洋表面的泄油圍住」可知海洋石油污染的主要淨化方法並不是微生物的降解，選項中與原文不符的只有C項。A、B、D

三項都可根據原文推斷得出。故正確答案為C。

【練習五】

1. A

解析：根據第四段「花的美是在上億年的競爭中形成的，不美的都被淘汰了」可知，B、C說法正確；由「它的美其實是一個計謀，用來招蜂引蝶，其背後其實是延續生命的旺盛願望」可知，D說法正確；白色的花並非不參與競爭，只是揚長避短，在香氣上獲得勝算，A說法錯誤。故正確答案為A。

2. D

解析：定位原文「東施效顰，沒有找到自己存在的理由」，意在強調要有自己的個性，只有D項提到了個性。故正確答案為D。

3. A

解析：文段為分一總結構，整個文段都是圍繞「美與競爭力的關係」進行論述的。開始描述作者自己的經歷，最後得出結論，即美是一種競爭力；最後一段是對於「美是一種競爭力」的具體闡述。故正確答案為A。

4. C

解析：文段中指出具體描述某一株花「香」是沒有意義的，強調的是其抽象意義，而不是C項中的具體行為「人的嗅覺難以具體判斷」，C表述理解有誤。故正確答案為C。

5. B

解析：由作者帶領學生出去欣賞美，引導學生思考美，做實驗等可以看出作者對於美學教育是十分重視的，A可以推出；由「我」帶領學生去教師外面，感受、思考美，可以得出作者使用「情景教學」的教學方式，C可以推出；由文段第四段，花運用形態與花香招蜂引蝶，延續生命，D可以推出；文段沒有講到美育與德育的結合，B屬於無中生有。故正確答案為B。

【練習六】

1. C

解析：此題是細節判斷題。「熱污染」，是指現代工業生產和生活中排放的廢熱所造成的環境污染，所以B、D錯誤；「熱污染」可以污染大氣和水體，但這不代表「熱污染」是一種包括大氣和水體污染在內的環境污染，所以A錯誤。故正確選項為C。

2. D

解析：此題為細節判斷題。第二段中提到「>河水水溫上升給一些致病微生物造成一個人工溫床，使它們得以滋生、泛濫，引起疾病流行」，而D選項中，寫的是「>河水水溫上升給所有微生物造成了一個人工溫床」，原體中提到的是「一些微生物」而不是「所有微生物」，故正確答案為D。

3. B

解析：此題為細節判斷題。B選項中，文中說的是「上升氣流減弱」，而並非「空氣流動減弱」，所以錯誤。故正確答案為B。

4. C

解析：此題為細節判斷題。從「造成熱污染最根本的原因是能源未能被最有效、最合理的使用」這句話可知，解決「熱污染」的最佳途徑應是引起重視，合理、有效利用能源，只有重視了以後才能制定控制標準，合理、有效利用能源。只有C項是最全面的概括，正確答案為C。

5. C

解析：此題為細節判斷題。「熱污染」主要來源於廢熱而並非工業廢水，所以A錯誤；「熱污染」最先影

響的是水生生物，而並非主要受害者是水生生物，主要受害者應是人類，所以B錯誤；文中並未說明至今我們還沒有有效治理「熱污染」的方法，而只是說還沒有一個量值來規定其污染程度，是在偷換概念，所以D錯誤。故正確答案為C。

【練習七】

1. A

解析：本段文字為「總分」結構，先強調了關於「氣候變暖的新觀點」：氣候變暖存在500年的自然周期；隨後通過對「花粉」的研究和「明清小冰期」來進行解釋說明。所以，核心是圍繞著「全球變暖」和「500年周期」來論述的。B、C、D項都是屬於解釋說明部分，本身不是重點。故本題答案為A選項。

2. D

解析：D項表述「最有效手段」太過絕對，所以不選。A項強調的「周期」與第一段科學家提出的新觀點「氣候冷暖變化存在約500年的自然周期」相同；B項強調的「時間跨度超過5000年」與第二段信息「通過東北龍崗火山區……可以準確定年……分析了5350年以來的……」符合；根據最後一段信息，故本題

答案為D選項。

3. C

解析：根據第二段及第三段信息可知，「花粉含量變化的譜分析結果也呈現出顯著的500年周期」，C項說法正確。根據第二段信息「通過東北龍崗火山區的小龍灣瑪珥湖年紋層沉積可以準確定年，科學家……利用這一優勢，分析了……」可知，沉積層本身並不能顯示氣候冷暖，A項錯誤；根據第二段信息「適合溫暖氣候的櫟屬花粉」可知，B項「櫟屬植物適合在寒冷氣候中生長」錯誤；D項「最可靠數據」表述太絕對，錯誤。故本題答案為C選項。

4. B

解析：根據第四段信息「清朝初年歷史學家談遷寫了一本《北游錄》……」可知，B項偷換概念。故本題答案為B選項。

5. C

解析：本段文字為「總分」結構，先強調了關於「氣候變暖的新觀點」：氣候變暖存在500年的自然周期；隨後通過對「花粉」的研究和「明清小冰期」來進行解釋說明。可知，是在介紹氣候變化研究的新成果。故本題答案為C選項。

(一)閱讀理解

B. 片段／語段閱讀

這部分是測試考生在閱讀個別片段／語段時能否理解該段文字的含義或引申出來的觀點，找出支持或否定某些觀點的選項，或選出最能概括該段文字的一句話等。

PART ONE
題庫練習

PART TWO
模擬試卷

PART THREE
考生急症室

例題：

虛心接受別人的意見，能糾正不必要的錯誤。然而，真正能虛心受教的人卻少之又少。說到底，人就是怕被人指出錯處，當眾出醜；又或心底裡不願承認其他人比自己強、比自己看得透。到最後，人會因不願受教，終於越走越歪，並要承受自己種下的惡果。

對這段話，理解不準確的是：

A. 要糾正錯誤必須接受他人的意見。

B. 不願受教的人怕被人指出錯處，當眾出醜。

C. 其他人一定比自己強、比自己看得透。

D. 不願接受意見的人最終會自食其果。

答案：C

閱讀文章，根據題目要求選出正確答案。

1. 一個有夢想的人，才會去追求自己的夢想；一個有偉大夢想的人，才會去做偉大的事情。「心有多大，舞台就有多大。」

   從哲學角度看，這句廣告語：

   A. 認為世界是不可知的

   B. 具有客觀唯心主義的傾向

   C. 有一定道理，強調了意識的能動作用

   D. 有問題，屬於形而上學的觀點

2. 蝴蝶以其絢麗的色彩和優美的舞姿，贏得了「會飛的花朵」、「大自然的舞姬」等美譽。蝴蝶翅膀豐富的色彩、各異的圖案造就了這美麗的精靈。有些蝴蝶在陽光下飛舞時翅膀會閃爍著金屬光芒，有些蝴蝶翅膀的色彩可以單一到通體只有一個顏色，也有蝴蝶的顏色可以豐富到讓人眼花繚亂。甚至還有人在蝴蝶翅膀上收集到了阿拉伯數字1至9和26個英文字母形狀的圖案。

   這段文字描述的主要是：

   A. 蝴蝶是自然界美麗的化身

   B. 蝴蝶的翅膀豐富多彩、無奇不有

   C. 蝴蝶是昆蟲中極具有觀賞性的類群

   D. 在蝴蝶翅膀上有許多絢麗的圖案

PART ONE
題庫練習

PART TWO
模擬試卷

PART THREE
考生急症室

3. 太平之世讀書，易；馬亂兵荒年，也能讀書，難。靜穆的鄉村讀書，易；在城市鬧中取靜，也能讀書，難。明窗淨幾讀書，易；敗屋茅檐也能讀書，難。於教室、圖書館讀書，易；於車上、船上、旅途中，也能讀書背書，難。閑時讀書，易；忙時放下事立刻能讀書，難。

這段話告訴我們：

A. 讀書有難有易，但能堅持讀書難能可貴

B. 讀書易中有苦，難中有樂

C. 讀書的難易唯有自己明白

D. 讀書的難易連自己也不明白

4. 「他們終生面壁苦讀，是為了破書，不作書呆子。」

這句話中「破書」的意思是：

A. 把書讀殘破

B. 打倒書中的觀點

C. 質疑權威

D. 吸收書本內容的精髓

5. 一個民族需要民族精神，一個時代需要時代精神，創業精神應當成為我們的的民族精神，成為我們的時代精神，精神可以變物質，物質可以變精神，兩個文明建設互相依存，互相促進。

   這段文字表達的最主要的意思是：

   A. 一個民族需要民族精神，一個時代需要時代精神

   B. 精神可以變物質，物質可以變精神

   C. 兩個文明建設互相依存，互相促進

   D. 創業精神應當成為我們的的民族精神和時代精神

6. 人們看到別人處於緊急狀態情境中而不去救援，不是由於人性的喪失，而是由於其他人在場，使其責任意識降低，從而抑制了人們的援助動機。這種責任分散心理，又稱旁觀者效應。個人所承擔的責任變得不明確，從而責任感淡化，事情最終以誰都以為不會發生的方式發生。由於「責任擴散」，因而見義不為、見死不救所產生的罪惡感、內疚感也同樣會擴散到其他人身上，某一個人所要承擔的道德評價的風險大大減小，他所感受到的道德譴責的力度也大大降低，從而在下一次類似情境下完全可能採取同樣的態度與行為。

   這段文字主要介紹了：

   A. 避免道德冷漠的措施

   B. 造成道德冷漠的原因

PART ONE
題庫練習

PART TWO
模擬試卷

PART THREE
考生急症室

C. 旁觀者效應發生的心理機制

D. 旁觀者效應出現的背景環境

7. 在現今的兒童劇創作中，題材的單一化傾向較為普遍，神話劇、童話劇居多。相比之下，優秀的現實題材、科幻題材、喜劇題材較少。「兒童劇創作觀念依舊不夠開放、不夠活躍，想像力不夠充分，藝術性不強，同質化的傾向非常嚴重，寫什麼題材，大家看起來都是一個模樣」。這是兒童劇創作環節的重要問題。創新，成為擺在兒童劇創作者面前的一大難題。

文段主要說的內容是：

A. 兒童劇創作處於缺乏創新的窘境

B. 兒童劇創作的質量遠遜於成人劇

C. 兒童劇創作者應多發掘現實題材

D. 兒童劇創作需擺脫童話劇的窠臼

8. 提高服務業的比重和水平，要制定和完善促進服務業發展的政策措施，大力發展金融、保險、物流、信息和法律服務等現代服務業。積極發展文化、旅遊、社區服務等需求潛力大的產業，運用現代經營方式和信息技術改造提升傳統服務業。

這段話的主旨是：

A. 應當制定正確積極的政策引導服務行業優先發展。

B. 我們需要大力發展潛力巨大的現代服務業以帶動其餘周邊服務行業的發展。

C. 提高服務業在整個國民經濟中的比重體現了現階段結構調整的目的所在。

D. 要以科學的政策為導向，有重點、有層次地推進中國服務業的發展。

9. 以大投資、大製作、高調造勢、高票房回報為標誌的「大片」，近幾年在中國影壇上出盡風頭。歲末年初開始的《滿城盡帶黃金甲》全線飄紅，以3.5億元的票房創下了中國電影史上的票房新高。包括這部片在內的5部影片，佔去了2006年中國電影全部26.2億元票房收入的1/5還多。但興論和觀眾大多給予批評和表示不滿。深究起來，「大片」自身在選材、製作和市場開發方面的諸多誤區當是最直接的誘因。從《英雄》、《無極》、《十面埋伏》、《夜宴》到《滿城盡帶黃金甲》，國產包括與港台合拍大片幾乎是清一色地選擇了古

PART ONE
題庫練習

PART TWO
模擬試卷

PART THREE
考生急症室

裝加武打、陰謀加愛情之類型，出現形式奢華和內容空洞的強大反差。

這段文字意在說明：

A. 「大片」何時不再自我陶醉

B. 大投資、大製作影片創下中國電影票房新高

C. 國產大片形式與內容存在嚴重脫節

D. 大片在虛假的市場興旺的喧囂中，潛藏著深深的文化危機

10. 下面一段文字表述的論點是：

法律是以國家強制力保證實施的行為規範，它不僅賦予公民以權利，而且要求公民承擔義務。但《教育法》所規定的權利和義務卻是同一種行為——接受教育，即使他自願放棄受教育的權利，仍無「權」拒絕履行受教育這個義務。這裡面當然包括中小學生的父母或監護人依法使適齡兒童、少年接受並完成規定年限的義務教育的責任。因為，所謂義務，就是依法必須承擔的責任。

A. 該段體現了《教育法》中「義務」的含義

B. 所謂義務，就是依法必須承擔的責任

C. 受教育也是義務

D. 只有端正了認識，才能擺正各種關係

11. 詩歌絕不能僅僅停留在紙質媒體上，要充分利用舞台、影視等多種平台，這樣才能為人民群眾所接受並保持長久的生命力。很多優秀詩歌作品本身具有較高的藝術性，在走向舞台、影視的過程中又融入了表演者的理解和感受，對詩歌進行了「第二次藝術創作」，輔以聲光電等多種現代藝術表現形式，極大地提升了詩歌的欣賞性和觀賞性。

對這段話理解正確的是：

A. 借助當代技術手段，人民群眾對詩歌的理解遠勝古人

B. 借助舞台、影視等藝術形式，詩歌可以保持長久生命力

C. 表演者對詩歌進行「第二次藝術創作」延長了詩歌的生命力

D. 普及詩歌需要借助舞台、影視等人民群眾喜聞樂見的藝術形式

12. 二十國集團領導人同意為國際貨幣基金組織和世界銀行等多邊金融機構提供總額1萬億美元資金，使國際貨幣基金組織資金規模擴大至現在的3倍，以幫助受金融危機影響陷入困境的國家。

上述文字的主要意思是什麼？

A. 二十國集團提供億萬美元幫助困難國

B. 國際貨幣基金組織資金規模擴大三倍

C. 國際貨幣基金組織幫助窮國

D. 萬億美元窮國解困

PART ONE
題庫練習

PART TWO
模擬試卷

PART THREE
考生急症室

13. 所有市場經濟搞得好的國家，都是因為法律秩序比較好。其實建立市場並不難，一旦放開，人們受利益的驅使，市場很快就能形成，但是，一個沒有秩序的市場一旦形成，再來整治就非常困難了。

這段話支持了一個論點，即：

A. 要建立市場經濟體制，必須高度重視法制建設

B. 市場調節是「無形的手」，市場自發地處於穩定、均衡的狀態

C. 市場經濟的優越之處就在於它能使人們受利益驅使，因而能調動人的積極性

D. 市場只有依靠法制才能形成

14. 真誠永遠都像鏡子一樣，當你真誠面對公眾時，公眾肯定會讀到你的真誠，即便你存在錯誤和自己沒有發現的過失，那可能是智力問題，或者現有的行為模式和智力結構所無法避免的，公眾會原諒。

本句的主旨是：

A. 無論正確錯誤都應該真誠地面對公眾

B. 公眾能讀懂你的真誠

C. 真誠面對公眾，公眾會原諒你的錯誤

D. 真誠是鏡子

15. 在社會大生產條件下，為了滿足社會對各種使用價值的需要，就要付出各種性質不同的勞動，就要根據各種使用價值需要的相應比例分配社會總勞動。這段話主要支持了這樣一個觀點，即：

A. 在社會生產中，各種使用價值的需求量是不同的

B. 應通過市場的價值規律來調節社會總勞動的分配

C. 勞動力的使用價值是在社會總勞動的分配中實現的

D. 按比例分配社會總勞動是不以人的意志為轉移的

16. 跟電影中創意是以導演為中心不同，電視行業創意的中心是編劇。編劇在電視行業中之所以重要，是因為小畫框給視覺發揮的空間沒那麼大，語言藝術就顯得特別重要。情景劇還有故事情節作為吸引力，而喜劇就完全是靠演員的表現和語言的魅力了；又都是在棚裡拍，從拍攝上講是純技術活兒，創意都在於對話和表演。

對這段文字的主旨概括最準確的是：

A. 比較電視與電影行業創意上的差異

B. 強調語言魅力對電視行業的重要性

C. 分析電視行業各種構成要素之間的關係

D. 解釋電視行業創意以編劇為中心的原因

PART ONE
題庫練習

PART TWO
模擬試卷

PART THREE
考生急症室

17. 目前人造關節所用原材料不外乎於金屬和塑料兩大類，由於人體內鉀、鈉、氯等化學物質有可能使金屬材料腐蝕生鏽，塑料老化，所以選用的金屬和塑料的化學物質必須高度穩定。

這段話主要支持這樣一種觀點，即：

A. 人造關節必須用金屬製造

B. 塑料人造關節容易老化

C. 人體內鉀、鈉、氯等化學物質很活躍，有腐蝕作用

D. 製造人造關節必須選用化學性質高度穩定的金屬和塑料

18. 二十世紀初普朗克、波爾等物理學家共同創造了量子力學，它與相對論一起被認為是現代物理學的兩大基本支柱。量子力學的發展，革命性地改變了人們對物質的結構及其相互作用的認識。借助量子力學，許多現象才得以真正地被解釋，新的、無法憑直覺想像出來的現象被預言，接著又被驗證。量子力學等理論的誕生，對於推動世界文明進步具有十分深遠的意義。這些耗時多年的基礎研究成果，其科學價值是無可估量的，絕不是用「有沒有用」這樣的簡單標準就能衡量的。

這段文字意在強調：

A. 科學研究需要長期積累

B. 量子力學對現代物理學意義重大

C. 基礎研究不應急功近利

D. 科學價值無法用量化指標來衡量

19. 有一對夫妻，他們有一個兒子。一天，來了一個陌生人，他說他認識這對夫妻，還說他認識這對夫妻的兒子。最能準確地覆述這段話的意思的是：

A. 新來的人認識這對夫妻和他們的兒子

B. 新來的陌生人認識這對夫妻和他們的兒子

C. 新來的陌生人認識這對夫妻和他的兒子

D. 新來的陌生人自稱認識這對夫妻和他們的兒子

20. 新寫實小說和新歷史小說專注著現實和歷史的平民心態和世俗生活，以平民化甚至平庸化的社會坐標、藝術坐標，消解歷史和現實生活中的主流精神和理想價值，使藝術的人文精神和作家的人文操守在瓦解中實現著某種轉型。

這段話主要支持了這樣一個論點：

A. 專注平民心態和世俗生活是新寫實小說和新歷史小說的特徵

B. 專注平民心態和世俗生活使得歷史和現實生活中的主流精神和理想價值消解

C. 專注平民心態和世俗生活使藝術的人文精神和作家的人文操守在瓦解中轉型

D. 在新寫實小說和新歷史小說中，中國傳統的人文精神在悄然消失

PART ONE
題庫練習

PART TWO
模擬試卷

PART THREE
考生急症室

21. 當人們聞氣味時，如果感覺到揮發在空氣中的化學物質，就會對這種刺激性的氣味作出反應。植物也會對氣味產生反應，最明顯的實例是果實成熟時的情形——如果將一枚成熟的果實和一枚尚未成熟的果實放在一個袋子裡，未成熟的果實會更快成熟。這是因為成熟的果實散發出一種「成熟信息素」——乙烯，青澀的實「聞」到這種氣息後，也開始變得成熟。這種情形在自然界很普遍，當一枚果實開始成熟時，它會釋放這種「成熟信息素」，周圍的果實一旦「嗅到」這種氣息，接著，整棵樹甚至整片樹林的果實幾乎會隨之成熟。

這段文字在說明：

A. 植物會釋放信息素

B. 果實是如何成熟的

C. 植物間會傳遞信息

D. 植物和人也有共性

22. 古希臘學者亞里士多德在《政治學》中指出，在埃及，醫師依成法處方，如果到第四日而不見療效，他就可以改變藥劑，只是他倘使在第四日之前急於改變成法，這要由他自己負責。從同樣的理由來論證，完全按照成文法律統治的政體不會是最優良的政體，但也必須注意到一個統治者的心中仍然是存在通則的，而且凡是不憑感情因素治事的統治者總比感情用事的人們較為優良，法律恰正是全沒有感情的，人類的本性卻是誰都難免有感情。

通過這段文字，作者想表達的觀點是：

A. 法治優於人治

B. 人性決定政治

C. 法律是過濾了情感的通則

D. 最優良的政體是不存在的

23. 如果沒有達爾文、馬可尼等專家的新科技觀的湧現，就不會產生世界上第一部科幻小說；如果沒有廣義相對論、量子力學的發展，就不會迎來科幻小說的黃金時代；如果沒有原子物理、太空科學的發展，就不會有災難科幻作品或超級空間探險小說。

這段話的主要意思是：

A. 科幻小說對科學的發展起了強大的推動作用

B. 科幻小說的發展依賴於科技的進步

C.科幻小説被用來形像地描述最新科學發現

D.科幻文學與科學相互促進，共同發展

24. 唾液內含有的免疫球蛋白A原本發揮的是抗菌作用，英國拉夫巴勒大學研究人員發現唾液中這一蛋白的數量與人體免疫力呈反相關。他們花費了三年多時間，對38位參加過美洲杯帆船塞的賽手進行測試，觀察到大約有四分之三的賽手在患上感冒前的兩周時，盡管當時感覺良好，但唾液中免疫球蛋白A水平已經急劇下降。

英國的研究人員對唾液進行的此項研究，其意義在於：

A. 揭示了通過檢測唾液內含有的免疫球蛋白A數量，人們可以判斷自身的免疫力狀況，在免疫力低下時及時採取措施，以防疾病襲擾

B. 明確了唾液中免疫球蛋白A的數量越高，則人體免疫了越強，這是因為免疫球蛋白A在發揮作用

C. 發現了感冒的潛伏期為兩周，在此期間，唾液中免疫球蛋白A水平已經急劇下降，而人們不會有免疫力下降的感覺

D. 顛覆了人們對唾液內含有的免疫球蛋白A的抗菌作用的認識

25. 城市化是繼工業化以後推動經濟社會發展的一個新的重大力量。地方政府在城市化方面有著很強的衝動，但這個衝動更多表現在土地的城市化方面。因為土地的升值幅度很大，潛力很大，對地方的經濟增長和財政收入也有很大的促進作用。所以，在城市化進程中，土地的城市化成為地方發展的一個重要手段。但這並非真正的城市化，因為城市化程度是以人的城市化為標準的。

這段文字的中心意思是：

A. 發展要避免土地的城市化

B. 發展要以人的城市化為標準

C. 人是城市化發展的主要推動者

D. 城市化是地方發展的正確選擇

26. 近年來，中國中小學音樂課程在許多地區還是沒有受到足夠的重視，教材內容不能與時俱進，一些音樂教師只注重技能培養而忽略了音樂教育的主旨首先應當是「樹德立志」。在教授學生一部音樂作品之前，教師首先應該理解其中所表現的道德思想，然後以多樣化的形式對學生的身心進行正面教育。作為音樂教師當以此為己任，使孩子們真正熱愛音樂，在他們的心靈中種下一顆真、善、美的健康種子。

這段文字意在強調：

A. 音樂教育應注重作品的道德教化

PART ONE
題庫練習

PART TWO
模擬試卷

PART THREE
考生急症室

B. 教師應以培養孩子真善美為己任

C. 音樂教育以強調樹德立志為主旨

D. 音樂教育的內容、主旨都需轉變

27. 美感有時類似於靈感，只有在特定狀況下才能產生。當公式的推導終於成功，或是忽然看懂一種繁難的理論，那一刻的強烈感受不僅難以重現，也是不可轉述的，晚唐的賈島是有名的苦吟詩人，他和韓愈共同推敲「僧敲月下門」之句並結為忘年之交之事自古傳為佳話。然而他還有兩句詩更是苦吟了數年——「獨行潭底影，數息樹邊身」，對於這兩句詩他自稱：「二句三年得，一吟雙淚流，知音如不賞，歸臥故山秋。」然而後世卻有人認為此句稀松平常，「有何難吟」，這裡自然也有文化底蘊的差別，但美感之難以傳遞也是極重要的原因，是以詩人自己也說「知音」方才能賞。

文中舉賈島的例子是為了說明：

A. 欣賞詩詞要有足夠的文化底蘊

B. 美感很難向他人傳遞

C. 寫詩就是在尋找靈感、創造美感

D. 世上知音難覓

28. 在使用繁體字的香港和台灣，如今越來越多年輕人的生活方式正日漸西方化；而大陸青少年接觸港台的電腦遊戲、流行歌曲等現代時尚元素，看到的也多是繁體字，但並未得到傳統文化的熏陶。與此相反，不少天天使用簡體字的人，照樣深得傳統文化的熏陶，如果分別閱讀用簡體字和繁體字書寫的同一篇古文、同一首唐詩，文字形式對讀者解讀作品文化意蘊的影響微乎其微。傳統文化也可以通過電影、電視等多種方式植根民間思想觀念與生活方式當中，不一定要借助繁體字作為媒介。

這段文字意在說明：

A. 應將傳統文化融入現代時尚元素中

B. 傳承傳統文化未必需要借助繁體字

C. 簡體字代替繁體字確實利大弊小

D. 簡體字不會削弱傳統文化的意蘊

PART ONE
題庫練習
PART TWO
模擬試卷
PART THREE
考生急症室

29. 因為存在城鄉二元結構，同樣的經濟收入，在城市生活十分艱難，而在農村卻可能很舒適。城市是市場化的，而農村卻有相當部分非市場因素存在。總體來講，進城農民願意接受很低的工作報酬，也就是因為農村生產勞動力的成本比城市低，這也使中國從全球化中獲得很好利益。

這段文字意在說明：

A. 中國從全球化中獲得好處根本原因

B. 中國城鄉二元結構的存在具有一定的合理性

C. 縮小城鄉貧富差距，是推進中國城市化建設的必要條件

D. 建設社會主義農村，必須打破城鄉二元結構

30. 當舊的藝術種類如小說、戲劇等漸離世人的關注中心而讓位於影視等藝術新貴時，一種文化貧困正籠罩在各種批評之上.面對強大的「工業文化」，文化批評也差不多變成「促銷廣告」了。

在這段話中，「一種文化貧困正籠罩在各種批評之上」，意思是說：

A. 文化的貧困使批評無法進行

B. 各種文化批評的品位在降低

C. 文化貧困現象受到了種種批評

D. 批評家們都受到了貧困的威脅

31. 青銅鏡背面的花紋隨著時間的推移也有著各種各樣的變化。齊家文化時期的青銅鏡背面花紋較為簡單，到了漢代，鏡子的背面開始出現了幾何圖案，這些圖案設計的靈感或者源於當時漢代絲綢上的花紋。科特森還特意提供了一些漢代絲綢的藏品與青銅鏡共同展出，以便參觀者進行比較。到了隋唐時期，鏡子背面開始出現十二生肖、五岳四海等圖案。而隨著唐朝與西域和海外頻繁的貿易往來，一些外來的藝術設計理念也反映到青銅鏡上，其中包括葡萄藤，花草以及復雜的回紋樣式。元代以後的青銅鏡開始出現仿古的風潮，鏡子背面的設計有模仿唐朝以前青銅鏡的痕跡。

這段文字意在說明：

A. 青銅鏡背面花紋的演變

B. 青銅鏡背面花紋設計理念的回歸

C. 青銅鏡所承載的文化內涵

D. 中外交流對青銅鏡紋飾的影響

32. 習俗是守舊的，而社會則須時時翻新，才能增長滋大，所以習俗有時時打破的必要。可是要打破一種習俗，卻不是一件易事。物理學上仿佛有一條定律說，凡物既靜，不加力不動，而所加的力必比靜物的惰力大，才能使它動.打破習俗，你須以一二人之力，抵抗千萬人之惰力，所以非有雷霆萬鈞的力量不可。因此，習俗的背叛者比習俗的順從者較為難能可貴，從歷史看社會進化，都是靠著幾個站在十字街頭而能向

PART ONE
題庫練習

PART TWO
模擬試卷

PART THREE
考生急症室

十字街頭宣戰的人。這般人的報酬往往不是十字架,就是斷頭台,可是世間只有他們才是不朽的,倘若世間沒有他們這些殉道者,人類早已為烏煙瘴氣悶死了。

本段文字意在說明:

A. 舊的習俗必須被打破,社會才能越來越進步

B. 打破舊習俗需要很大的勇氣克服封建守舊勢力的阻撓

C. 習俗的順從者比習俗的背叛者可悲

D. 正是有了無畏生死的人去打破守舊習俗,才有了社會的不斷發展

33. 歷史曾為民族復興之路留下許多珍貴的影像,但不論哪一幀歷史的截影,似乎都不能直接放大成為一件歷史主題的完美傑作。歷史題材的美術作品作為一種歷史的圖像,當然對缺失的歷史及時影像的彌補,但更重要的是一種符合歷史邏輯與影像的藝術創造。一幅歷史主題的美術作品,至少記載並濃縮了一個歷史事件,也通過這個歷史事件塑造了歷史人物。

這段文字意在說明,歷史題材的美術作品應:

A. 充分尊重並充分再現歷史事實

B. 在理解歷史的基礎上進行歷史創作

C. 對歷史人物及事件進行細緻刻畫

D. 在還原歷史的同時突出藝術感召力

答案與解析：

1. C

解析：「心有多大，舞台就有多大」強調的是意識的能動作用，故本題正確答案為C。

2. C

解析：據提問知此題為表面主旨題。文段中提到蝴蝶的色彩、舞姿、圖案都體現了蝴蝶的觀賞性，故正確答案為C。文段主體是蝴蝶，故排除B、D項。A項錯在過於寬泛。

3. A

解析：根據提問方式及選項可知考查隱含主旨。材料通過讀書的難易對比，說明無論在何種條件下都應堅持讀書。所以A項正確。B、C、D項在材料中均未體現。故正確答案為A。

4. D

解析：根據提問方式可知本題為語句理解題。這裡的破，不能按照字面意思理解，句中說「是為了破書，不作書呆子」意思是說我們讀書要靈活，不要過於死板，主要是要吸收書本中的精華，後半句不做書呆子其實是對前半句的解釋。D項表述符合文意。

選項A只是「破書」的字面意思，首先排除。「破書」不是說要去質疑書本中的東西，或是打倒書本中的觀念，故選項B、C是不正確的。故正確答案為D。

5. D

解析：據提問方式可知本題屬於表面主旨題。本題的關鍵字眼是「應當」二字，這對抓住材料主旨起到了重要的提示作用。本段首先說了「創業精神應當成為我們的的民族精神，成為我們的時代精神」，接著闡述這樣說的原因，可見「創業精神應當成為我們的的民族精神，成為我們的時代精神」是文段的主旨句，故正確答案為D。A、B、C三項只是文段內容片面的體現，應排除。

6. C

解析：文段前文介紹了旁觀者效應，之後敘述「責任擴散」之後罪惡感、內疚感擴散之後，道德譴責的力度降低了，實際就是談心理層面的問題，故同意替換得出C項。B項是干擾項，道德冷漠在原文中沒有體現，排除。A、D項中「措施」、「背景環境」原文沒有體現，容易排除。

7. A

解析：由「在現今的兒童劇創作中，題材的單一化傾向較為普遍」、「同質化的傾向非常嚴重」及末句的主旨句「這是兒童劇創作環節的重要問題。創新，成為擺在兒童劇創作者面前的一大難題」可知，文段主要說的是當前兒童劇創作的創新難問題。故本題選A。

8. D

解析：此題為表面主旨題。文段主要闡述了制定和完善政策措施以促進服務業的發展，服務業包括現代服務業、需求潛力大的產業、傳統服務業三個層次。D選項反映了文段主旨，符合題意。A選項屬於無中生有，文中沒有提到「優先發展」，故排除；B選項，文段也沒有提到通過發展現代服務業來帶動周邊服務業發展，故排除；C選項也不是文段的主要內容，故排除。故正確答案為D。

9. D

解析：由提問可知本題為隱含主旨題。材料先表達了「大片」票房收入高，又以「但」作轉折點出「大片」出現形式的奢華和內容空洞的強大反差，造成了文化危機，轉折詞之後為主旨內容，「輿論和觀眾大多給予批評和表示不滿」表現大片的「虛假的市場興旺」，D選項正

確。A、B選項均為材料內容，表述均片面；干擾項C，國產大片形式與內容存在嚴重脫節是表面描述，不是作者的真正意圖。故正確答案為D。

10. C

解析：由提問可知本題為表面主旨題。材料首先闡述權利和義務的關係，接下來指出「接受教育」既是權利也是義務，並對「受教育的義務」作了進一步的說明。由轉折關係詞「但」可知，整則材料的語意重點是其後的內容，即「受教育」也是一種義務。因此，C項表述符合文意。A、B項表述片面，只是對材料第三句話的概括，沒有抓住材料的關鍵語意；D項說法在文中缺乏依據，因此排除。故正確答案為C。

11. B

解析：據提問知此題為細節判斷題。這段文字是總分結構，首句是文段中心句，即利用舞台、影視多種平台保持詩歌長久的生命力，B項準確覆述了這一主旨，故正確答案為B。A項無中生有，原文沒有提到「理解超過古人」這個概念。C項偷換概念，「表演者對詩歌進行『第二次藝術創作』」「極大地提升了詩歌的欣賞性和觀賞性」而非「延長了詩歌的生命力」。D項不夠全面，不僅要普及，讓人民群眾接

受，還要保持它長久的生命力。

12. A

解析：分析可知，文段說的是二十國集團領導人同意提供1萬億美元資金，來幫助受金融危機影響陷入困境的國家。A項與此相符，B、C、D三項表述均不夠全面、準確，不符合標題特徵，可排除。故本題正確答案為A。

13. A

解析：據提問可知此題是表面主旨題。文段主要想表達的是：法律秩序好則市場經濟好，市場不能沒有秩序，「但是」引導的內容是關鍵，所以可以推出A項正確。B項表述的「市場調節」在文段並沒有體現，不能推出；C項不是文段的重點；D項「只有」的說法不合文意，「建立市場並不難」，並非只能依靠法制。故正確答案為A。

14. A

解析：據提問知此題是表面主旨題。從關聯詞「即便」可知材料的主題——作者對於真誠的支持立場：我們應該真誠的面對公眾，不論正確與錯誤。後面從反面來論證「真誠面對公眾」的重要性，所以A項正確。B項未把握重點；C項後半句改變了句子的重點，沒有反映材料主題；D項只是材料為了更好的論證作的一個比喻，沒有反映本質問題。故此題正確答案選A。

15. B

解析：據提問可知本題屬於表面主旨題。由「要根據各種使用價值需要的相應比例分配社會總勞動」可看出，文段主要想說明的內容是分配社會總勞動的依據，四個選項中與此相關的選項只有B項，以此可排除A、C、D三項。「市場的價值規律」即文段中的「使用價值需要」。故正確答案為B。

16. D

解析：根據提問知本題為表面主旨題。文段是總分結構，其中「總」是主旨句，「分」是解釋說明。文段首句即提出「電視行業創意的中心是編劇」，後面的兩句話都是在具體闡釋這個論點，故正確答案為D。

17. D

解析：根據提問「支持……觀點」可判定本題為表面主旨題。由題幹中的總結關係詞「所以」可知，整個材料的語意重點應該是「所以」之後的內容，即製造人造關節所選用的金屬和塑料的化學物質必須高度穩定，因此D項表述符合文意。A、B項表述過於片面，與文意不符，C項不是文段論述的重點，均予以排除。故正確答案為D。

PART ONE
題庫練習

PART TWO
模擬試卷

PART THREE
考生急症室

18. C

解析：文段第一、二句指出量子力學等理論的誕生，對於推動世界文明進步有著十分重大的意義，接著得出結論「這些基礎研究成果，其科學價值是無法估量的，絕不是用『有用沒用』這樣的簡單標準就能衡量的」，故文段是在說明用「有用沒有」這樣功利性的標準來衡量基礎研究是不正確的，C項表述正確，當選。

19. D

解析：由提問方式可知本題屬於表面主旨題。

閱讀可知，題幹的關鍵詞為「夫妻」、「兒子」「陌生人」、「說認識」。綜合比較四個選項，D項的「陌生」、「自稱」、「他們的」比其他三個選項概括得更詳細。故正確答案為D。

20. C

解析：整篇文段通過一個表示因果關係的關聯詞「使」連接，重點是文段的後半句，也就是新寫實小說和新歷史小說的平民化、世俗化寫作視角所帶來的結果。選項即是這個分句的同義替換，正確答案為C。

21. C

解析：文段為總─分的行文脈絡，首句通過人和植物進行對比，提出了本文核心思想，即植物可以傳遞信息。選項AB屬於舉例論證，故排除。D中「和」表並列，故排除。因此本題答案選擇C。

22. A

解析：由提問可知本題為態度理解題。根據「凡是不憑感情因素治事的統治者總比感情用事的人們較為優良，法律恰正是全沒有感情的，人類的本性卻是誰都難免有感情」可知，法治優於人治。故正確答案為A。

23. B

解析：由提問知本題為表面主旨題。達爾文等人的科技觀、廣義相對論和量子力學、原子物理和太空科學都屬於科技的範疇。閱讀可知，文段用排比句來強調科技發展對科幻小說發展的重要作用。B項表述最為全面準確。A、D項與文意顯然相悖，予以排除；C項在文中並未提及，因此不選。故正確答案為B。

24. A

解析：由提問可知此題為細節判斷題。文段首先指出「唾液內含有的免疫球蛋白A有抗菌作用」，接著通過研究證明「唾液中免疫球蛋白

A的數量與人體免疫力呈反相關」，由此可知此項研究的意義是人們通過自己唾液免疫球蛋白A的數量判斷自己的免疫力，以防疾病來襲，A項符合題意。B、C兩項只是陳述了事實，沒有闡述此研究的意義，因此排除B、C；D選項文段沒有提到，屬於無中生有，因此排除D。故正確答案為A。

25. B

解析：根據提問方式「中心意思」一詞可知考查表面主旨。材料第一句講城市化的重要性，二、三、四句講城市化多表現在土地的城市化及這一現象的原因，最後一句通過轉折詞「但是」否定土地城市化是真正的城市化，並提出觀點「城市化程度是以人的城市化為標準的」。轉折詞「但是」後是材料的表面主旨，即「發展要以人的城市化為標準」，故正確答案為B。

選項C在材料未提及。材料雖說土地城市化「並非真正的城市化」，但也肯定了土地城市化的作用，即「土地的城市化成為地方發展的一個重要手段」，故選項A說法錯誤。選項D說法雖然沒錯，但偏離了「以人的城市化是城市標準」這一主旨。

26. A

材料的主旨句為後面提出的對策句，即「樹德立志」，後面給出相應的解釋，教師首先要培養學生的道德思想，然後對學生的身心進行正面教育，同義替換，A為正確選項。

27. B

這是一道變型的主旨概括題。賈島例子之前的句子就是整個文段的主旨，因此舉該例子就是為了論證主旨句的，主旨句中強調的是遞進之後的內容，即「不可轉述」，B「難以向他人」是對其的同義替換，因此選擇B，D是過度引申。

28. B

文段的重點是圍繞繁體字和傳統文化之間的關係進行論述，文段的前半部分描述的是繁體字並沒有得到傳統文化的薰陶，後半部分用與之相反的例子來引出，描述傳統文化的發展不一定依靠繁體字作為媒介，所以通過整段文字，作者意在表明傳統文化的傳承與繁體字沒有必然的關係，所以答案選擇B。

29. B

文段通過城鄉二元結構的對比說明城鄉的二元結構給城市的農村生產勞動力成本帶來的影響，並指出這種影響使得中國從全球化中獲得很

PART ONE
題庫練習
PART TWO
模擬試卷
PART THREE
考生急症室

好利益，由此可以知道城鄉二元結構的存在具有一定合理性，因此B項正確。A選項中的「根本原因」過於絕對，而且文段沒有提到，故排除；C、D項都擴大了文段含義的外延，無法從文段中找到來源，故排除，正確答案為B。

30. B

解析：「一種文化貧困正籠罩在各種批評之上」在這一句話中，「文化貧困」是「各種批評」的修飾成分，通過閱讀上下文可知，現在的文化批評的背景是大眾關注影視等通俗文化，且很多文化批評淪為廣告.可知「文化貧困」說的就是文化批評的淪落，其品位在降低。因此，本題正確答案為B選項。

31. A

解析：文段首先指出青銅鏡背面的花紋隨著時間的推移也有著各種各樣的變化，接著分別說明了「齊家文化時期」、「漢代」、「隋唐時期」、「元代以後」四個代表時期青銅鏡背面的花紋演變。A項與此相符。B、D兩項是文段的部分內容。C項「承載的文化內涵」無法從文段中得出.故本題答案為A。

32. D

解析：文段的末句體現了主旨，即正是有了無畏生死的人去打破守舊習俗，才有了社會的不斷發展.故本題答案為D。A項說法是文段提到的內容，但不是文段主旨；B項，文段中未提「封建守舊勢力」；C項，文段主要內容並不是對順從者與背叛者的比較，而是褒揚習俗的背叛者推動了社會的發展。

33. B

解析：根據提問「意在」可知本題為隱含主旨題，材料總共有三句話，第一句，「但」之後強調歷史不能直接成為好的作品，第二句話，「但」之後強調美術作品要符合歷史邏輯與影像的重要性，第三句話，「也」之後強調美術作品是在塑造歷史人物。綜合三句，即美術作品要在符合歷史邏輯與影像的基礎上記性藝術創作，塑造出歷史人物形像，所以B項「在理解歷史的基礎上」體現出了文段所強調的內容，正確。根據最後一句，「再現歷史事實」並非美術作品的根本追求，還要「通過歷史事件塑造歷史人物」，故A不準確。C、D項中的「細緻刻畫」、「藝術感召力」文段中並未涉及，所以都排除，故正確答案為B。

(二)字詞辨識

A. 辨識錯別字

這部分旨在測試考生對漢字的認識。

PART ONE
題庫練習

PART TWO
模擬試卷

PART THREE
考生急症室

例題：

選出沒有錯別字的句子。

A. 我們決定在辦公室相討有關改善工作環境的問題。

B. 老師的教晦，我永不會忘記。

C. 他心胸狹隘，性格孤僻，很難交到知心的朋友。

D. 這班兇神惡煞的大漢來勢凶凶，我們要加倍小心。

答案：C

1. 下列沒有錯別字的一組是：

A. 按照上級布署，他們認真組織了一系列觀摩課，師生們反應熱烈。

B. 別看他倆在一起有說有笑的，其實是貌和神離。

C. 我們都迫不急待地想知道，究竟是誰能贏得最後的勝利。

D. 這哥兒倆，一個標新立異，一個循規蹈矩，差別太大了！

2. 下列各句沒有錯別字的一句是：

A. 假如不願走向深淵，就讓我們走向廣闊；假如不願座享其成，就讓我們勤勉奮爭。

B. 仁愛和寬容，同情別人並代人受過，這才是歲月經歷不斷豐厚的東西。

C. 最近新起的全世界範圍內的「克隆羊」「複製人」的風波，表明在世紀之交，人類最為關注的是生命的本源。

D. 議員在長達445頁的調查報告中指控總統在試圖掩蓋他和私人助理的關係中有偽證、對證人施加影響、防礙司法及濫用職權的行為。

3. 下列句子中沒有錯別字的一項是：

A. 上帝手扶鬍鬚，離開了小土丘上的老頭兒。

B. 這種美使上帝迷惑不解，驚慌不己。

C. 他的一雙眼睛充滿憂鬱悲傷的神情。

D. 搖藍裡躺著個熟睡的嬰兒。

4. 下列句子中沒有錯別字的一項是：

A. 德國國家排球隊善於在逆境中突圍，勇於在噓聲中拚鬥，用實力證明自己的前行銳不可擋。

B. 博覽會上展出的山核桃手工藝品造型奇特，堪稱鬼斧神功，吸引眾多民眾拄足觀賞。

PART ONE
題庫練習

PART TWO
模擬試卷

PART THREE
考生急症室

C. 用消極避世的觀點去看待陶淵明的清貧樂道是一種褻瀆，
其實反襯出世人的傖俗。

D. 蒼翠如黛的梯田與山脈，在變換莫測的雲海的環繞下呈現
出了如此美妙絕綸的景觀。

5. 下列語句中書寫正確的一項是：

A. 父親很少跨出我們家的台階，偶爾出去一趟，回來時，一
副若有所失的模樣。

B. 因為失衡是暫時的，一個物種在新的環境中，必然遵循物
竟天擇的法則。

C. 在環境急變的今天，我們應該重新體會幾千年前經書裡説
的格物至知的真正意義。

D. 怒吼著，回漩著，前波後浪地起伏催逼，直到衝倒了這危
崖，他才心平氣和地一泄千裡。

6. 下列語句中書寫正確的一項是：

A. 他裝著鎮定自若、胸有成竹的樣子關掉了擴音機，用不容
質疑的口氣吩咐道：「趕快把它填掉！」

B. 但至少你能使那光明得到暫時的一瞬的顯現，哦，那多麼
燦爛、多麼炫目的光明呀！

C. 最不可思義的恐怕要數我們的大腦了。

D. 我看見陳小姐被人虐待，我看見你挺身而出，指天劃地有
所爭論。

7. 下列各項中沒有錯別字的一項是：

A. 那種清冷是柔和的，沒有北風那樣哆哆逼人。

B. 半空中似乎總掛著透明的水霧的絲簾，牽動著陽光的彩綾鏡。

C. 對於一個在北平住慣的人，像我，冬天要是不颳風，便覺得是奇績；濟南的冬天是沒有風聲的。

D. 鳥兒將窠安在繁花嫩葉當中，高興起來了，呼朋引伴地賣弄清脆的喉嚨，唱出宛轉的曲子，與輕風流水應各著。

PART ONE
題庫練習

PART TWO
模擬試卷

PART THREE
考生急症室

答案與解析：

1. D

解析：A應為「部署」，B應為「貌合神離」，C應為「迫不及待」。

2. B

解析：A「座享其成」應為「坐享其成」；C「新起」應為「興起」；D「防礙」應為「妨礙」。故答案為B。

3. C

解析：A「扶」應為「撫」；B「己」應為「已」；項「藍」應為「籃」。故選C。

4. C

解析：A應為「銳不可當」；B應為「鬼斧神工」、「駐足」；D應為「變幻莫測」，故答案為C。

5. A

解析：B「竟」應為「競」；C「急」應為「激」，「至」應為「致」；D「漩」應為「旋」，「泄」應為「瀉」，故答案為A。

6. B

解析：A改為「不容置疑」；C改為「不可思議」；D改為「指天畫地」，故正確答案為B。

7. D

解析：A應為「咄咄逼人」；B項應為「彩稜鏡」；C項應為「奇怪」，故選D。

(二)字詞辨識

B. 繁體字與簡化字互換

這部分旨在測試考生對漢字的認識
或辨認簡化字的能力。

PART ONE
題庫練習

PART TWO
模擬試卷

PART THREE
考生急症室

例題：

請選出下面簡化字錯誤對應繁體字的選項。

    A. 术→術

    B. 仆→赴

    C. 丰→豐

    D. 儿→兒

答案：B

選出正確的答案：

1. 「實」的簡化字為：

    A. 宾

    B. 实

2. 「塵」的簡化字為：

    A. 尘

    B. 庆

3. 「靈」的簡化字為：

    A. 灵

    B. 雷

4. 「畫」的簡化字為：

    A. 书

    B. 昼

5. 「奮」的簡化字為：

    A. 夺

    B. 奋

6. 「壓」的簡化字為：

    A. 厌

    B. 压

7. 「灑」的簡化字為：

    A. 洒

    B. 湿

8. 「興」的簡化字為：

    A. 与

    B. 兴

PART ONE
題庫練習

PART TWO
模擬試卷

PART THREE
考生急症室

9. 「變」的簡化字為：

    A. 变

    B. 夏

10. 「襯」的簡化字為：

    A. 补

    B. 衬

11. 「茶几」的繁體字為：

    A. 茶几

    B. 茶幾

12. 「苹果」的繁體字為：

    A. 苹果

    B. 蘋果

13. 「折斷」的繁體字為：

    A. 折斷

    B. 摺斷

14. 「老板」的繁體字為：

A. 老板

B. 老闆

15. 「制度」的繁體字為：

A. 制度

B. 製度

16. 「币」的繁體字為：

A. 幣

B. 弊

17. 「厂」的繁體字為：

A. 廠

B. 廣

18. 「丑」的繁體字為：

A. 醜

B. 扭

PART ONE
題庫練習

PART TWO
模擬試卷

PART THREE
考生急症室

19.「扰」的繁體字為：

    A. 擾

    B. 魷

20.「斗」的繁體字為：

    A. 鬥

    B. 抖

21.「熱」的簡化字為：

    A. 執

    B. 热

22.「捨」的簡化字為：

    A. 舍

    B. 捨

23.「括」的簡化字為：

    A. 括

    B. 舌

24.「徵」的繁體字為：

A. 徵

B. 懲

25.「審」的簡化字為：

A. 番

B. 审

26.「韋」的簡化字為：

A. 韦

B. 书

27.「尧」的繁體字為：

A. 堯

B. 曉

28.「矇」的簡化字為：

A. 蒙

B. 矇

PART ONE
題庫練習
PART TWO
模擬試卷
PART THREE
考生急症室

29.「闆」的簡化字為：

    A. 板

    B. 品

30.「澱」的簡化字為：

    A. 淀

    B. 殿

31.「糞」的簡化字為：

    A. 粪

    B. 类

32.「鳳」的簡化字為：

    A. 凤

    B. 夙

33.「風」的簡化字為：

    A. 风

    B. 凤

34. 「墳」的簡化字為：

　　A. 坟

　　B. 玟

35. 「拣」的繁體字為：

　　A. 揀

　　B. 棟

36. 「轟」的簡化字為：

　　A. 車

　　B. 轰

37. 「競」的簡化字為：

　　A. 竞

　　B. 竟

38. 「卷」的繁體字為：

　　A. 捲

　　B. 圈

答案：

1. B
2. A
3. A
4. B
5. B
6. B
7. A
8. B
9. A
10. B
11. A
12. B
13. A
14. B
15. A
16. A
17. A
18. A
19. A
20. A
21. A
22. A

23. A
24. A
25. B
26. A
27. A
28. A
29. A
30. A
31. A
32. A
33. A
34. A
35. A
36. B
37. A
38. A

(三)句子辨析

這部分旨在考核考生對中文語法的認識，
辨析句子結構、邏輯、用詞、組織等能力。

PART ONE
題庫練習
PART TWO
模擬試卷
PART THREE
考生急症室

例題（1）：

選出有語病的句子。

A. 校方經過多次磋商後，終於釋除了學生會的疑慮和要求。

B. 港府發言人表示，雙方還有不少問題待解決，他寄望港粵邊界劃分很快會有結果。

C. 大學生活有苦有樂，當中少不了的是趕功課時通宵達旦的那種滋味。

D. 在預科時，我也學過實用文寫作，可惜現在全都忘記了。

答案：A

例題（2）：

選出沒有犯邏輯錯誤的句子。

A. 只有水量合適，農作物才能豐收。今年農作物沒有豐收，所以今年水量不合適。

B. 在世界教育史上，中國是很早出現學校的一個國家。

C. 這間公司的服務對象是男性和中下階層。

D. 他的十個預測完全準確，只是最後一個有點差誤。

答案：B

選出沒有語病的句子：

1. A. 文藝之於民俗是傳承更是發展，從理論上講要想在文藝話語中找不到民俗真的很難，同樣，文藝對民俗的傳承也愈加顯得更加重要。

   B.《中國通史》共拍攝了100集，再現了中國上下五千年的浩瀚歷史圖景和變遷，全面而系統地展示了豐富燦爛的包括敦煌文化在內的中華文明。

   C. 天越來越陰沉，大暴雨馬上就要降臨了，路人都行色匆匆，可修車人倒顯得非常鎮靜。

   D. 在羅馬這個大的城市背景下，在已成定製的古典建築空間佈局的住宅形式內，世世代代的意大利人演繹著首都的輝煌和市井的喧囂。

2. A. 中國印章已有兩千多年歷史，它由實用逐步發展成為一種具有獨特審美的藝術門類，受到文人、書畫家和收藏家的推崇。

   B. 創新研究性大學必須建立更加開放的辦學方向，深化與世界各國的著名高校和學術組織全方位、多層次的實質性合作交流，鞏固和加強各種類型合作平台的建設。

   C. 空談之風四處蔓延，甚至影響到了孩子們，作文中的造假和電視鏡頭中的「標準化表情與表達」，毒害了原本樸實的社會風氣，下一代的失真與失實成為常態，讓人為之擔憂。

D. 微波具有乾燥、殺菌等多種功能，廣泛用於食品。它與收音機所用的電波在本質上是同一種東西，使用微波爐致癌目前並無準確數據支持。

3. A. 進入幼稚園教師的門檻太低，其根本原因在於政府把學齡前教育作為基礎教育的「包袱」被用掉了，最終導致各類學前教育機構成為少數人的斂財渠道。

   B. 在非洲慘遭殺戮的不僅僅是彌猴，野生動物的日子同樣不好過。它們既要提防飛來的子彈，還要小心獵人佈下的重重陷阱。

   C. 當野生植物到達基地後，「馴化師」開始通過人工模擬自然環境，改良植物土壤環境和溫室氣候條件，對這些植物開展「馴化」，讓它們適應城市生活。

   D. 湖北省襄陽城，很多金庸迷都非常熟悉，那裏是一座軍事要塞，有《射鵰英雄傳》郭靖和黃蓉死守襄陽城抗元的故事。

4. A. 冰島研究人員發現了首個有助抗老人痴呆的基因變異類型，攜帶這種基因變異類型的人進入老年後出現痴呆症狀的風險大大減少。這一發現有助於尋找治療老年痴呆症的方法。

   B. 最新研究發現，每天坐三個小時以上將導致預期壽命減少兩年，就算保持良好的運動習慣，沒有吸煙等不良嗜好，也無助於改變這一結果。

   C. 很多人尤其是年輕人，在吃飯時養成了邊吃邊用手機上網，然而醫生發出警告，這種行為會影響消化，時間長了甚至可能造成消化系統紊亂。

   D. 由甲鎮墓地出土的人腿假肢，經過嚴謹的科學考證，被證實是距今約2,300年左右的人類假肢。它比此前公認的世界最早的人類假肢早了數百年。

5. A. 中國科學院最近研究發現，喜馬拉雅山冰川退縮，湖泊的面積擴張，冰湖潰決危險性增大，引起了研究者的廣泛關注。

   B. 長江中的江豚被譽為「水中大熊貓」，是國家二級保護動物，也是《華盛頓公約》確定的全球瀕危物種之一，再不加以保護，15年後將會滅絕。

   C. 專家認為，香港人均飲茶量每天不足10克，加之大部分農藥不溶於水，茶葉中即使有少量的農藥殘留，泡出的茶湯中也會農藥含量極低，對人體健康影響不大。

   D. 今年內地天氣形勢複雜，西江、北江可能出現五年一遇的洪水；中國省政府要求各地要立足防大汛、搶大險、抗大

PART ONE
題庫練習
PART TWO
模擬試卷
PART THREE
考生急症室

旱,做到排查在前、排險在前、預警在前,確保群眾的生命財產安全。

6. A. 地鐵月台坍塌事件的教訓太沉痛了,一定要採取措施,防止以後不再發生這種嚴重事故。

   B. 據老人後來回憶,包裡除了剛從銀行取的3,000元錢外,還有戶口本、身份證、手機等其他證件。

   C. 上世紀八十年代中後期,繼傷痕文學、反思文學和尋根文學之後,在中國文學創作領域出現了一波具有鮮明形式探索意味的文學浪潮——先鋒文學。

   D. 誠信教育已成為各國公民道德建設的重要內容,因為不僅誠信關係到國家的整體形象,而且體現了國民的基本道德質素。

7. A. 可口可樂飲料有限公司近日確認,在實施管道改造時,由於操作失誤,導致含微量餘氯的生產輔助用水進入到飲料生產用水中。

   B. 出版業當然要講究裝幀藝術,講究宣傳造勢和市場營銷,但要想真正贏得讀者、贏得市場,最終還是取決於內容是否具有吸引力和感染力。

   C. 網絡謠言的特點就在於傳播的迅猛和來源的不確定。面對鋪天蓋地的謠言,人們往往容易忽視最基本的事實。

   D. 這所創建於上世紀20年代初期的商學院是這座臨海城市的唯一的一所大學,這所大學一直對孩子們充滿了神秘感。

8. A.只有把政府增加的教育投入更多地向基礎薄弱地區傾斜，保障絕大多數學生接受高質素教育的權利，就能杜絕和減少盲目揀校的現象。

   B.新年期間，雖然相關部門強化了監管力度，但還是有多家商號被曝光缺斤短兩、魚目混珠、藉機漲價等不法行為。

   C.從根本上說，科技發展、經濟的振興，乃至整個社會的進步，主要原因是勞動者的高質素和大量優秀人才的培養決定的。

   D.當代大眾文化以其消遣娛樂作用滿足了人的情感需要，從而在一定程度上釋放了理性的壓抑，因此具有某種歷史的合理性。

9. A.圍村的建樓具有防匪防盜、防震防潮、冬暖夏涼、生活方便，雖經百年風雨或戰爭硝煙，至今仍巍然屹立，享有「東方古城堡」之美譽。

   B.三聚氰胺分子中含有氮元素，如果添加到奶粉中，就可以提高奶粉中蛋白質的檢測數值，這是許多不良廠家用以牟取暴利的罪魁禍首。

   C.美國「次貸」危機引發了全球經濟動蕩，進一步拉大了世界貧富的距離，導致一些發展中國家的經濟嚴重衰退，貧困人口數量不斷攀升。

   D.要盡快培養出適應新世紀的人才，關鍵問題是先進的教育理念起著決定性的作用，它為我們指明了方向，引導學校教育不斷向前發展。

PART ONE
題庫練習

PART TWO
模擬試卷

PART THREE
考生急症室

10. A. 北京奧運會期間，具有悠久歷史的長城、十三陵、故宮、頤和園等無不以其迷人的風姿和厚重的文化積澱為中外遊客所傾倒。

B. 國防科工委副主任、國家航天局局長欒恩傑日前透露，繼「神舟」六號載人航天飛船成功升空之後，中國航天事業的下一個目標是月球探測。

C. 外資的大量注入，在中國經濟的增長，就業的擴大，稅收的增加，先進管理理念與技術水平的提升等方面發揮了重要作用。

D. 現在人們認識到，一方面極光與地球高空大氣和地磁場的大規模相互作用有關，另一方面又與太陽噴發出來的高速帶電粒子流——通常稱為太陽風——有關。

11. A. 據外電報道，有大學教授認為，北京沙塵的源頭是一些地區冬春季翻耕後裸露休閑的農田。

B. 其實，對於孩子的睡眠問題，無論是從國家的政策看，還是從社會的呼聲看，早已引起了足夠的關注。

C. 每年一到小學升中的關鍵時候，眾多家長便使出渾身解數，為讓孩子能上一所好學校而四處奔忙，演化成愈演愈烈的擇校風。

D. 目前科學家還沒有找到一種方便快捷的方法，使RNA(核糖核酸)干擾能有效在患者體內的相應部位進行。

12. A. 在生活中，懊悔不僅能消耗我們的精神，磨滅我們的意志，而且也能促使我們反思，幫助我們總結。

B. 六年來，甲報便民網以優質的服務、良好的信譽幫助本市百萬家庭解決了生活中遇到的種種困難。

C. 出現這類錯誤的原因，是對分數除法的計算法則理解不透徹，運用不熟練所造成的。

D. 隨著城市化進程，越來越多的農民告別了自己的耕地，為了減輕城郊失地農民的負擔，當地政府採取了一系列措施。

13. A. 奧巴馬在大選前18個月就開始接受特勤局保護，比之前任何總統候選人都早，部分原因就在於許多帶有種族色彩的言論都是針對他引起的。

B. 通過本屆奧運會，讓世界更多地了解了俄羅斯，俄羅斯更多地了解了世界，來自204個國家和地區奧委會的運動健兒們在光彩奪目的場館裡同場競技，用他們的精湛技藝博得了世人的讚嘆。

C. 代替那存在著階級和階級對立的資產階級舊社會的，將是這樣一個聯合體，在那裡，每個人的自由發展是一切人的自由發展的條件。

D. 只有堅持改善和保障民生，才能激發人民推動科學發展的積極性、主動性、創造性，贏得廣大群眾的信任、擁護和支持。

14. A. 加拿大的一些礦井正在使用一個通過雷達進行勘測的裂紋

PART ONE
題庫練習

PART TWO
模擬試卷

PART THREE
考生急症室

識別系統，以檢查礦井底下是否存在裂縫和危險區域。

B. 墨西哥一家舞廳發生了一宗有多人喪命的踩踏慘案，警方稱，原因是由於夜總會老闆故意製造恐慌和緊急出口處受阻引起的。

C. 雖然無家可歸的人數眾多，但解放軍和武警官兵的艱苦努力，使邊遠地區的災民也全部得到毯子、衣服、帳篷和救援物資。

D. 日本奧運村使用了可再生能源、先進的循環系統和樸素的建築外觀，一旦完全投入使用，奧運村每年的碳排放量可減少8,000噸。

15. A. 「2008奧林匹克美術大會」在現代奧林匹克精神「更快、更高、更強」的基礎上，提出了北京奧運藝術盛典的主題口號——「藝術，讓奧林匹克更美」，它豐富了北京奧運會「綠色」、「科學」、「人文」三大理念的「人文奧運」，凸顯了北京奧運會獨特的歷史和人文價值。

B. 「阿Q精神勝利法」和「幸福在於心」是兩種完全不同的概念，它是由於惡劣的生存環境、文化環境和非人的生存方式決定了的一種自我把握形式和心理調節方式，是一個人身處弱勢時自我解嘲的精神避風港。

C. 國際經驗表明，人均國內生產總值從1,000美元向3,000美元邁進的階段是一個關鍵時期。如果把握不好，可能會出現失業激增、貧富懸殊、社會矛盾激化等問題，導致經濟長期徘徊不前，從而引發社會動盪，甚至社會倒退。

D. 美國研究人員最近報告說：電擊以醋和廢水為養分的細菌，可以製造出清潔的氧燃料能夠替代汽油給車輛提供動力。

16. A. 一些父母對「家庭教育」的詮釋就是「家庭學習」，認為教育孩子主要就是抓孩子的學習，因而忽略了孩子的身體健康和做人這些做父母最基本的職責。

B. 據市房地產開發協會在房交會上的統計，約有85%的被調查者兩年內有置業計劃，但如何讓這些購房者變成置業行動，是讓開發商們最頭痛的問題。

C. 瑞典里恩斯匹德公司日前宣布，他們製造的世界上第一輛會潛水的汽車「斯庫巴」，只要按動這款水陸兩用車的一個按扭，汽車便可以下潛到水下10米處行駛。

D. 賈康預測，今年以來已出台一些減稅的政策，如暫停收取利息稅等，下一步有可能爭取把增值稅轉型推到全國，組合推出資源稅，促使企業有效利用資源。

17. A. 藝術家能把自己心靈的創傷和對社會現狀的痛苦感受毫無顧忌地傾瀉出來,靠的是以藝術來直接表達的。

B. 如果説奧運會開幕式上擊缶倒計時的獨特創意給世界留下耐人尋味的驚喜，那麼閉幕式上採用煙花技術在天空「畫」的從「10」到「1」的倒計時數字，將給世人再一次留下不可思議的神話。

C. 孩子們對「動漫」的情有獨鐘推動著「動漫」產業朝著高質量、高速度、高贏利發展，嗅覺靈敏的商家對此更是推波助瀾。

D. 以生漆為底層的彩繪陶質文物保護是一個世界難題，沒有任何的經驗和技術可以借鑒，秦俑如何將艷麗的彩繪保留下來成為當務之急。

PART ONE
題庫練習

PART TWO
模擬試卷

PART THREE
考生急症室

18. A. 為了總結開展「研究性學習」的經驗，王老師近幾年來幾乎無時無刻不忘搜集、整理有關「研究性學習」的材料，積累了大量的第一手素材。

B. 我們提出減輕學生的學業負擔，是對一種學生主體發展的尊重，是為了騰出更多的時間，讓學生自主學習，發展各自特長。

C. 新教材在練習題的設計上用力甚多、改動頗大，因為設計練習題是為了引導學生獨立思考和探索的非常重要的途徑。

D. 2004年高考擴大分省組織命題範圍，是各地實施質素教育、推進高中課程改革的需要，也是高考改革的進一步深化。

答案與解析：

1. D

解析：A項，語意重複，「愈加」與「更加」重複，去掉「更加」；B項，語序不當，把「豐富燦爛的」移到「中華文明」之前；C項，有歧義，「修車人」既可指「修車師傅」，也可指「車主」。

2. C

解析：A項，成分殘缺，應為「具有獨特審美價值的藝術門類」。B項，搭配不當，應為「建立更加開放的辦學模式」。D項，成分殘缺，應為「廣泛用於食品加工」，「使用微波爐致癌的說法目前並無準確數據支持」。

3. D

解析：A項，句式雜糅，可刪除「被」。B項，不合邏輯，彌猴也是野生動物。應在「野生動物」前加「其它的」。C項，搭配不當，應為「改善土壤環境和溫室氣候條件」。

4. B

解析：A項，搭配不當，「風險大大減少」應改為「風險大大降低」；C

5. B

解析：A項，句式雜糅，研究發現的是後文的三種情況，而「引起廣泛關注」的主語是前文中的三種情況，此「三種情況」既已經作為「研究發現」的賓語，則不可再作引起的主語，可去掉最後一句。C項，關聯詞語使用不當，本句主語為「茶湯」，前一個分句的主語是「茶葉」，將「即使」調至「茶葉」的前面，使之成為讓步狀語。D項，邏輯順序錯誤，「排查在前、排險在前、預警在前」應該改為「預警在前、排查在前、排險在前」。

6. C

解析：A項，要說的是防止再發生，多了個否定詞「不」，就變成了相反的意思。屬於否定失當。B項，「還有手機等其他證件」屬於邏輯錯誤。D項，語序不當。主語一致時，關聯詞在主語後，應為「誠信不僅……，而且……」

7. C

解析：A項，結構混亂，由於……導致，無主。B項，邏輯混亂，一面對兩面。D項，主客體倒置。

PART ONE
題庫練習

PART TWO
模擬試卷

PART THREE
考生急症室

8. D

解析：A項，「只有」和「就能」搭配不當，「杜絕」和「減少」語序不當。B項，成分殘缺，「被曝光」後邊缺動詞「有」。C項，句式雜糅。「原因是」和「是……決定的」雜糅。

9. C

解析：A成分殘缺，缺少了與「具有」搭配的賓語中心詞。B不合邏輯，「這」所指代的內容不可能是「罪魁禍首」。D句式雜糅，「關鍵問題」和「起著決定性作用」兩種句式混合在一起。

10. B

解析：A主客關係顛倒，應是中外遊客被傾倒，或傾倒了中外遊客；C搭配不當，應改為「大量注入的外資……」；D語序不當，「極光」應放在「一方面」之前。

11. A

B項成分殘缺，缺主語，應去掉「對於」。C項中「演化成愈演愈烈的擇校風」語義重複累贅，應改為「擇校風愈演愈烈」。D項「有效」的語序不當。

12. B

A項誤把轉折當遞進，應把「不僅能」改為「雖然」，把「而且」改為「但是」；C句式雜糅，把「所造成的」去掉；D 項成分殘缺，「城市化進程」後缺謂語，應加上「不斷加快」。

13. C

A雜糅「原因……引起的」。B成分殘缺，去掉「通過」或「讓」。D語序不當。改為「保障和改善」。

14. A

解析：B項句式雜糅，C項「毯子、衣服、帳篷和救援物資」不能並列，D項「使用……樸素的建築外觀」搭配不當。

15. C

解析：A「豐富」和「人文奧運」不搭配；B「由於」和「決定了的」重複；D 句式雜糅，「氧燃料」既做賓語又做主語。

16. D

解析：A成分殘缺，在「孩子身體健康」後加上「的呵護」；在「做人」後加上「的教育」。B「購房者

變成置業行動」搭配不當，可將「購房者」改為「購房需求」。C結構混亂，將「製造的」改為「製造了」。

17. B

解析：A項句式雜糅，「靠的是以藝術來直接表達的」可以改為「靠的是藝術」或者「是以藝術來直接表達的」。C項缺中心詞，「高質量、高速度、高贏利」後應加「方向」一詞。D項「秦俑成為當務之急」主謂搭配不當，應是「艷麗的秦俑彩繪如何保留下來成為當務之急」。

18. D

解析：A項中，「無時無刻」是「沒有哪一個時刻」之意，只能算一重否定，「不忘」是一重否定。全句有二重否定，則表示肯定了「忘」，語意搞反了，可將「不忘」改為「不在」。B項語序不對，應將「一種」放在「尊重」前。C項句式雜糅，可改為「因為練習題是引導學生獨立思考和探索的非常重要的途徑」。

PART ONE
題庫練習

PART TWO
模擬試卷

PART THREE
考生急症室

(四)語句運用

A. 詞句運用

於這部分旨在測試考生對詞語及句子運用的能力。

例題（1）：

我們自小青梅竹馬，地理上的＿＿＿＿＿＿＿並沒有令我們產生隔膜。

    A. 阻礙

    B. 隔閡

    C. 隔膜

    D. 阻隔

答案：D

例題（2）：

「人生如戲。」人人都會這樣說，但是＿＿＿＿＿＿＿：不要以為人生如戲，就可以不必認真；就是因為是一場戲，無論是大小演員、台前幕後，也要認認真真的，合力做一齣人生的好戲。

    A. 戲不是人人能演的

    B. 劇目個個不同

    C. 角色大小有別

    D. 這句話的意義不是人人明白

答案：D

PART ONE
題庫練習

PART TWO
模擬試卷

PART THREE
考生急症室

例題（3）：

選出下列句子的正確排列次序。

①其他成員包括政府人員及業外人士

②管委會的成員主要包括中醫藥業界人士

③負責執行各項中醫藥規管措施

④香港中醫藥管理委員會是一個獨立的法定組織

⑤在「自我規管」的原則下

    A. ②①④⑤③

    B. ④②①⑤③

    C. ④③⑤②①

    D. ⑤④②①③

答案：C

選擇正確的字詞以完成句子：

1. 一帆風順的旅途只能釀就＿＿＿的思維，而人生中＿＿＿的從來都是經歷了顛簸與坎坷之後才赫然出現。

   A. 墨守成規 捷徑

   B. 一成不變 捷徑

   C. 畫地為牢 道路

   D. 中規中矩 道路

2. 戰爭文化研究運用了多種學科、多種理論和多種研究方法來解釋戰爭與社會文化之間的互動關係，遠比運用單一學科解釋要＿＿＿得多，可以修正過去一些錯誤或存在＿＿＿的觀點，也可以對歷史進行另外一種角度的解釋或觀察。

   A. 合理 偏差

   B. 科學 誤會

   C. 深刻 誤差

   D. 客觀 分歧

3. 空間探測器拍攝的大量照片和探測儀器的取樣分析，揭開了被測行星的大氣環境和表面景觀的＿＿＿。讓人看到了它們的真實面目。1997年美國「探索者號」探測器及「旅居者號」火星車的大量照片和檢測結果顯示，如今一片荒涼的火星曾

經是一個溫暖、潮濕的地方，而且可能曾是一個＿＿＿和維持過生命的星球。

A. 面紗 孕育

B. 偽裝 誕生

C. 謎底 萌發

D. 帷幕 繁衍

4. 菲爾丁說：「不好的書也像不好的朋友一樣，可能會＿＿＿你。」這話沒錯，但也不必為此走向另一個極端，誇大書籍對人的＿＿＿的影響。

A. 毒害 品質

B. 侵害 品行

C. 損害 品德

D. 戕害 品格

5. 互聯網怎樣影響了我們的社會和生活，這看上去好像是個＿＿＿的話題，每個人都能說上幾句，但事實上，有幾個人能把這個問題說清楚，說細致，說出點兒新意，說出點兒可意會不可言傳的＿＿＿。

A. 見仁見智 理由

B. 眾說紛紜 道理

C. 歷久彌新 獨見

D. 老生常談 妙處

6. 隨著信息時代的_____，人們對電腦演算能力的需求不斷水漲船高，然而現有基於集成電路的傳統計算機卻漸漸潛力耗盡，_____。科學界認為，下一代電腦將是建立在量子層面的，它將比傳統的電腦數據容量更大，數據處理速度更快。

   A. 到來 無能為力

   B. 深入 力不從心

   C. 來臨 回天乏術

   D. 開啟 力有未逮

7. 具有同樣波動頻率的人會互相吸引，從而成為親密的朋友；不同類型的人距離再怎麼近，也會彼此漠不關心，甚至相互_____。如果一個你討厭的人試圖接近你，其實說明你們之間在某些方面是存在____的。

   A. 敵視 互補

   B. 排斥 共鳴

   C. 提防 默契

   D. 詆毀 聯繫

8. 新西蘭懷托摩螢火蟲洞裡的螢火蟲對生存環境的要求_____，遇到光線和聲音便無法生存。目前只在新西蘭和澳洲發現了這種螢火蟲。人們無法在影視作品中欣賞到，連旅遊宣傳照片也____。

A. 求全責備　寥寥無幾

B. 挑三揀四　為數不多

C. 吹毛求疵　不可多得

D. 始終如一　屈指可數

9. 這些案犯私自印製已註冊商標以及＿＿＿、＿＿＿、＿＿＿假冒商品的行為均已構成犯罪。

A. 運輸、銷售、製作

B. 銷售、運輸、製作

C. 製作、運輸、銷售

D. 製作、銷售、運輸

10. 揚善必須抑惡，扶正自應祛邪，一個健康、文明的社會當然不應讓橫行一方為非作歹的黑惡勢力逍遙法外，不應為毒害健康＿＿＿暴利的無良企業庇護，不應對權錢勾結貪婪攝取的腐敗現象＿＿＿，不應讓＿＿＿侵奪他人權益的缺德行為無所制約。

A. 獲取　漠然置之　隨意

B. 獲取　不聞不問　恣意

C. 牟取　置之不理　任意

D. 牟取　麻木不仁　肆意

11. 社會各界更加關心傷健人士，傷健人士平等參與社會生活的環境進一步＿＿＿＿，現代社會對傷健人士觀逐步＿＿＿＿。

A. 改變 取得共識

B. 改進 深得人心

C. 改善 深入人心

D. 完善 初見成效

12. 針對食人魚非法進入中國的現象，生態專家環保人士呼籲，應儘快從法律層面建立、完善防護外來物種入侵的生態安全機制，＿＿＿＿生態安全。

A. 維護

B. 保護

C. 保持

D. 維持

13. 很長一段時間以來，文學＿＿＿＿了，文學家們似乎都已經退隱到超凡脫俗的文學世界裡，或專營文學技術的革新，或致力於自我感情的＿＿＿＿。在各種重大歷史場合很難看到文學的身影。

A. 消失 裝飾

B. 寂靜 掩飾

C. 沉默 宣泄

D. 沉寂 雕飾

PART ONE
題庫練習

PART TWO
模擬試卷

PART THREE
考生急症室

14. 誠然，在相當長一段時間裡，對抗或叛逆確實是中國當代詩歌完成自我_____的法則之一。以真實取代虛假，以個人反抗群體，以感性抵制理性，以平面消除深度，當代詩歌正是在這種不斷的反叛中實行著某種_____。

A. 衍變 更新

B. 蛻變 更迭

C. 嬗變 替換

D. 演變 置換

15. 這個新的設計方案大方向正確，盡管缺點不少，但從目前來看_____。

A. 無出其右

B. 無可非議

C. 無人問津

D. 無與倫比

16. 從心理學的角度來說，_____地表達自己想法的人更加具有領導者的_____。

A. 無所顧忌 氣質

B. 肆無忌憚 潛質

C. 無所顧忌 潛質

D. 肆無忌憚 氣質

17. 公眾參與的價值在於提高項目的科學性與可行性。公眾的環境健康是最重要的，任何一個新項目，如果沒有足夠的時間去＿＿＿它的環境影響就＿＿＿，那麼，大量的環境隱患一旦爆發將很難收拾。

A. 考慮 倉促開展

B. 避免 心存僥幸

C. 思考 避重就輕

D. 論證 輕率上馬

18. 文明的發展就像一場夢，雖然醒來覺得＿＿＿，而＿＿＿時是認真而嚴肅的。用精神分析的方法剝去夢的果實，留下夢的種子——本能的種子，就是宗教的起源。

A. 神乎其神 身臨其境

B. 不可思議 身臨其境

C. 神乎其神 引人入勝

D. 不可思議 引人入勝

19. 一個人要有所敬畏，在自己心目中總有一些東西屬於做人的根本，是＿＿＿不得的。

A. 張揚

B. 褻瀆

C. 詆毀

D. 冒犯

PART ONE
題庫練習

PART TWO
模擬試卷

PART THREE
考生急症室

20. 一個國家的發展道路合不合適,只有這個國家的人民才最有發言權。我們主張,各國和各國人民應該共同享受發展成果。世界長期發展不可能建立在一批國家越來越富裕而另一批國家卻長期貧窮落後的基礎上。只有各國共同發展了世界才能更好發展,那種_____、轉嫁危機_____的做法,既不_____也難持久。

A. 嫁禍於人 害人害己 可能

B. 兄弟鬩牆 損人利己 團結

C. 以鄰為壑 害人害己 安全

D. 以鄰為壑 損人利己 道德

21. 所有能見和不能見,所有在場和不在場,所有障眼法和真相,就_____在一場場文化表演中。所以,凡是雜技和魔術盛行的時代,大多生活平和、瑣碎、物質發達,人們才有閑情去糾結日常的表象和價值觀的困惑,去期待一點違背常理的驚喜,作為現實的小小_____。

A. 濃縮 點綴

B. 凝練 花絮

C. 蘊含 註腳

D. 預設 調劑

22. 政府助學貸款，是解決貧困家庭學生入學難的重要＿＿＿之一，是貧困家庭學生享受平等教育的重要＿＿＿。

A. 措施 條件

B. 政策 保障

C. 途徑 體現

D. 途徑 保障

23. 民間文化同以官方為代表的正統文化和以知識分子為代表的精英文化並非＿＿＿的。舉例來說，它像無垠無際的沃土，＿＿＿著正統文化和精英文化，而衰落了的正統文化和精英文化又如枯枝敗葉一樣，流落於民間，豐厚了它的土層。

A. 相依相伴 培育

B. 全然隔絕 滋養

C. 此消彼長 維繫

D. 涇渭分明 培養

24. 英語目前是世界上不同語言群體之間進行交流的主要方式。這種交流是文化間的知識交流，它的＿＿＿是存在著相互分離的文化，換句話說，作為通用語言的英語是處理語言差異和文化差異的方式，而不是＿＿＿它們的方式。

A. 表現 同化

B. 特徵 隔絕

C.基礎 統一

D.前提 消滅

25. 通過探測重力的微小變化，科學家發現一些地方的地下水越來越少。盡管衛星數據顯示地下水出現了_____，相關部門對這些信號仍然相當_____，他們對科學家最近的發現提出了_____。

A.警戒 反感 批評

B.枯竭 不滿 辯駁

C.危機 謹慎 質疑

D.問題 不安 反對

26. _____我們能夠根據自己對歷史的體會或自己對某種社會政治觀念的信仰而自由地選擇某種立場和傾向的史學理論，然後努力向前挖掘，_____我們必定會形成一種邏輯上較為一貫的理論「體系」（內在體系），_____也就可以在史學領域展開切實的交流和論辯等，推動史學理論走向健康有效的發展狀態。

A.如果 那麼 從而

B.假如 那麼 無疑

C.雖然 但是 從而

D.盡管 但是 因而

27. 有些人說了許多似乎很有道理的話,卻讓人摸不著邊際;有
    些人只說了一兩句,卻有_____之效。

    A. 相逢恨晚

    B. 穿雲破霧

    C. 醍醐灌頂

    D. 如釋重負

28. 針對這一情況,我處已經採取了_____,任何單位和個人不
    得_____進入辦公大樓。

    A. 辦法 擅自

    B. 措施 擅自

    C. 辦法 私自

    D. 措施 私自

PART ONE
題庫練習

PART TWO
模擬試卷

PART THREE
考生急症室

答案與解析：

誤差」多用來形容一些具體的數字等，與「誤差」搭配的動詞，可以是「不能避免」、「縮小」等，而不能是「修正」。修正「偏差」語義通順，搭配合理，所以C錯A對。

「合理」放入第一個空格處語義通順，且符合語境。驗證A正確，故正確答案為A。

1. A

解析：「墨守成規」指思想保守，守著老規矩不肯改變。「一成不變」形容已經形成，不再改變。「畫地為牢」指在地上畫了一個圈作為監獄，比喻只許在指定的範圍內活動。「中規中矩」符合規矩，平平常常。

根據題意可知，一帆風順的旅途使人的思想停留在某一天的固定思維上，人們更願意已有的現成的思維模式，題幹更強調人們對於原有思維模式的一種遵循，而不在於強調它的一種變化，第一空應選墨守成規，因為沒有重複詞語，故正確答案為A。「捷徑」常用來比喻能較快地達到目的的巧妙手段或方法，與題幹中的「經歷了顛簸與坎坷之後」形成呼應。故正確答案為A。

2. A

解析：突破口在第二個空，可從搭配範圍的角度來考慮：第二個空前面有一個動詞「修正」，而「誤會」「分歧」不能與之搭配，所以排除B、D，在A、C中做選擇；「偏差」和「誤差」相比較，「偏差」是指偏離了事物原本的面貌，而「

3. A

解析：第一空與「揭穿」搭配合理的應為「面紗」、「謎底」，排除B、D選項。第二空後面是「維持過生命」，可知前面應填入的語義是生命伊始，用「孕育」搭配。因此，本題答案為A選項。

4. D

解析：先看第一空，「侵害」、「損害」二者常與利益、權利搭配，一般不直接形容人，由此排除B、C兩項。再看第二空，「品質」是一個人在心理過程中和個性心理特徵兩方面表現出來的本特徵；「品格」是指人的道德質素的核心，更多指向正面的人格。分析句意可知，此種說的應是書籍對人的「品格」的影響，而非「品質」。故本題答案為D。

5. D

解析：「見仁見智」是指對同一個問題，不同的人從不同的立場或角度有不同的看法；「眾說紛紜」意為人多嘴雜，各有各的說法，議論紛紜；「歷久彌新」是指經歷長久的時間而更加鮮活，比新的還要好；「老生常談」比喻被人們聽慣了的沒有新意的老話。

通過語境「每個人都能說上幾句」，得知這是每個人都知道的話題，而不是強調紛爭，所以排除A、B。根據「但」這個轉折詞可知，第一空填的詞的意思應該與「但事實上」後面的內容相反，由此可知這個話題是沒有新意的，所以用「老生常談」。同時「可意會不可言傳」和「妙處」搭配最合適。故正確答案為D。

6. B

解析：第一空，「水漲船高」比喻事物隨著它所憑藉的基礎的提高而增長提高。此處的「水」指的是信息時代，「船」指的是人們對電腦演算能力的需求。故此處句意應表示隨著信息時代不斷向前推進，人們對電腦演算能力的需求也不斷增長。「到來」、「來臨」、「開啟」均表示的是進入信息時代，只有「深入」能與「水漲」構成對應。且由常識可知，我們早已進入信息時代，對更高級電腦的需求是

信息時代持續發展的結果。第二空填入「力不從心」亦與前文「漸漸潛力耗盡」相對應。故本題選B。

7. B

解析：由「甚至」可知，橫線處所填詞應與「漠不關心」構成遞進關係。顯然「提防」不符合句意，排除C。由「具有同樣波動頻率的人會互相吸引」可知，如果一個你討厭的人試圖接近你，說明你們存在同樣的波動頻率。故第二空應填入表共同點的詞語，顯然「共鳴」比「互補」和「聯繫」更符合句意。故本題答案為B。

8. C

解析：由「遇到光線和聲音便無法生存」可知，第一空說的是新西蘭懷托摩螢火蟲對生存環境的要求很苛刻。與此義相符的只有「吹毛求疵」。本題答案為C。

9. C

解析：考查邏輯順序，可知製作——運輸——銷售這一順序合理。因此，答案為C。

10. D

解析：第一空要填入毒害健康的無

PART ONE
題庫練習
PART TWO
模擬試卷
PART THREE
考生急症室

良企業的所作所為，「牟取」是貶義詞，比「獲取」更合適，排除A、B。第二空對呼應前面的「揚善必須抑惡」，因此第二空應該是不應該讓腐敗、貪婪無所制約，C項與D項相比，「麻木不仁」語義更重，更符合語境。故正確答案為D。

11. C

解析：先看第一空，由前面「更加」這一遞進詞可知，「傷健人士⋯⋯的環境」是得到了進一步「改善」。「改變」指變化，產生顯著的差別；「完善」指使完備美好，這兩個詞用於此皆不合語境。「改進」和「改善」都有改變過去的狀況，使比原來更好的意思，但「改善」的對象常識生活、環境、條件等，而「改進」的對象常常是工具、工作、方法。故選C。

再看第二空，根據句意，「傷健人士⋯⋯環境」得到改善，正説明了現代社會的傷健人士觀「深入人心」。「取得共識」的對象是兩者或兩者以上；「深得人心」是指得到廣大人民的熱烈擁護，不合語境；「初見成效」與「逐步」相矛盾。故正確答案為C。

12. A

解析：題幹中説的是食人魚非法進入中國，生態專家呼籲採取措施，以免生態安全遭到破壞。選項中，A項「維護」指維持保護，使免於遭受破壞。「維護」可與「生態安全」相搭配，填入空格內符合文意。

B項為干擾項，「保護」指盡力照顧，使自身(或他人、或其他事物)的權益不受損害，「保護安全」搭配不妥，予以排除；「維持」和「保持」，這兩個詞都沒有「使⋯⋯免受侵害」的意思，根據語境，排除C、D項。故正確答案為A。

13. D

解析：「消失」程度太深，與句意不符，排除A。句子第一空需要填的是一個動詞，而「寂靜」是形容詞，詞性不符，排除B。由後文的「在各種重大歷史場合很難看到文學的身影」可知，前文是説文學家們僅致力於個人感情的抒發、修飾，這種感情的抒發一般是比較舒緩細膩的，「宣泄」動靜比較大，與「沉默」、「沉寂」體現的語境風格存在矛盾，排除C。

14. B

解析：由「以真實取代虛假，以個人反抗群體，以感性抵制理性，以平面消除深度」可知，當代詩歌的變化是全新的、質的變化。四個選項中只有「蛻變」明確含有全新

的、質變的意思，故第一空應選「蛻變」。「嬗變」與「自我」搭配不當。本題答案選B。

15. A

解析：無出其右是指沒有比這個更好的意思，符合文意。

16. A

解析：「無所顧忌」是說沒有什麼顧慮和懼怕，「肆無忌憚」形容非常放肆，一點沒有顧忌，含貶義。這裡形容領導者，所以不能使用有貶義色彩的「肆無忌憚」，排除B、D項。

「氣質」是說人的一種比較穩定的個性特徵或泛指人的風格、氣度；「潛質」指潛在的良好質素。題幹中說「更加具有……」，句中沒有體現潛在的意思，所以選「氣質」。故正確答案為A。

17. D

解析：本題可先看第二空，根據「那麼」之後的意思可知橫線處的句子意在說明：要小心考證新項目的環境影響，不能輕舉妄動。A項「倉促開展」側重行動的匆忙性，B、C項中的「心存僥幸」和「避重就輕」只表達一種態度，並沒有涉及

具體行動。只有D項「輕率上馬」最為全面，表達了不慎重,不認真地開展行動這一行為。

第一空新項目的「環境影響」是需要調查考證的，所以應填「論證」而非單純「思考」「考慮」就可以。「避免」語義錯誤，並不是所有項目都有環境影響。故正確答案為D。

18. B

解析：本題考查成語的辨析填空。「神乎其神」指神秘奇妙到了極點，形容非常奇妙神秘。「不可思議」指不可想像，難以理解，含有神秘奧妙之意。兩者相比，「不可思議」更適合用來形容夢境，且體現了夢境與現實的對照之意，第一空用「不可思議」。「引人入勝」是指引人進入佳境，現多用來指風景或文藝作品特別吸引人，用在此處不合適。「身臨其境」指親自到了那個境地。這裡指人對夢的感覺，「身臨其境」指的是「人進入到了夢境中」，與前面「醒來」形成對照，所以選「身臨其境」。故正確答案為B。

19. B

解析：此題考查實詞的語境搭配。根據句子「要……，……是……不得的」可知，空格處應填入與「敬

PART ONE
題庫練習
PART TWO
模擬試卷
PART THREE
考生急症室

畏」意思相反的詞。「張揚」指把隱秘的或不必讓眾人知道的事情聲張出去。「褻瀆」指輕慢、不尊敬。「詆毀」指毀謗、污蔑。「冒犯」指言語或行動沒有禮貌，衝撞了對方。B項最符合題意，故正確答案為B。

20. D

解析：先看第二空，對應「轉嫁危機」，「損人利己」符合語境，排除A、C；再看第一空，「兄弟鬩牆」比喻內部爭鬥，而文段涉及到國與國之間的關係，「以鄰為壑」更為準確，排除B；驗證第三空，「道德」與「損人利己」這種不道德的行為相呼應，符合語境。故正確答案為D。

21. A

解析：本題可從第二空入手，此處應填入形容魔術對平淡現實生活有驚喜作用的詞語。「花絮」比喻各種有趣的零碎新聞，「註腳」指解釋字句的文字，兩者詞義都不符合語境，排除B、C。「調劑」指調整有無、餘缺等情況，調整使合宜；「點綴」指加以襯托或裝飾，使原有事物變得更加美好。「點綴」較為恰當地形容了魔術對平淡現實生活的襯托作用，故答案為A。

22. D

解析：第一個空排除「政策」，第二個空根據語義、搭配選擇「保障」。故本題答案為D。

23. B

解析：第一空，探討民間文化與正統文化和精英文化之間的關係。從例子來看，後半句正統文化與精英文化流落於民間，豐厚土層。這說明三者相互補充，有交流。語句中「並非」這個詞說明應該填「毫無關係」的同義詞，據此排除A、C項。

第二空「滋養」與「培養」相比，前者包含用很多的養分、養料來培育之意，與前文的「沃土」相呼應，故正確答案為B。

24. D

解析：看第一空前文，第一空前文講文化間進行交流，所以分離的文化就是交流的前提或是基礎，而第二空前文講處理差異，說明前面有差異，後面沒有差異，故用消滅。選D。

25. C

解析：第一空填入的詞應與前句「地下水越來越少」對應。「警戒」

與「出現」搭配不當，「枯竭」語意過重。地下水變少，是地下水出現的一種「危機」，並非「問題」，故該空應選「危機」。

由「盡管……仍然」這對表轉折的關聯詞可知，相關部門對科學調查結果不信任，進而提出了質疑。有關部門的態度是不盲目相信數據，體現為謹慎，而非反感。第二空只有C項「謹慎」能反映出不信任的意思。「不滿」、「反感」與語境不符，「不安」在材料沒有體現。第三空「質疑」符合語境。「辯駁」、「反對」均不能與「提出」搭配，「批評」與語境不符。因此正確答案為C。

26. A

解析：此題是考查關聯詞的運用的填空題。根據前兩句的語意可知，前兩空格應該選擇表示假設關係的一對關聯詞，C、D兩項都是表達轉折關係，故排除，應在A、B兩項中尋找答案。第三個空格應填入表示順承關係的詞語，B項「無疑」表示因果順承，意義過於絕對化，綜上選A。故正確答案為A。

27. C

解析：由題幹可知，空格處的成語是形容某些話所產生的效果。C項「醍醐灌頂」意思是用純酥油澆到頭上，佛教指灌輸智慧，使人徹底覺悟，比喻聽了高明的意見使人受到很大啟發，也形容清涼舒適，用在此處符合語境。

「相逢恨晚」指只恨相見得太晚，形容一見如故，意氣極其相投；「穿雲破霧」一般用來形容物體的運行速度較快；「如釋重負」像放下重擔那樣輕鬆，形容緊張心情過去以後的輕鬆愉快。A、B、D三項均與語境不符，因此排除。故正確答案為C。

28. B

解析：「辦法」是指處理事情或解決問題的方法，「措施」是針對某種情況而採取的處理辦法（用於較大的事情）。兩者之間的區別在於「辦法」比較口語化，而「措施」較為正式，為書面語。根據「我處」可知，題幹是對某件事的正式說明，選擇「措施」更符合語境。

「私自」是指背著組織或有關的人，自己做不合乎規章制度的事；「擅自」是對不在自己的職權範圍以內的事情自作主張。「私自」是口語，「擅自」是書面語。根據句意，括號內應填入「擅自」。故正確答案為B。

PART ONE
題庫練習

PART TWO
模擬試卷

PART THREE
考生急症室

(四)語句運用

B. 語句排序

這部分旨在測試考生對詞語及句子運用的能力。

將下列句子排列出正確次序：

1. ① 當我們不愛的時候，假裝愛，是一件痛苦而倒霉的事情

   ② 假如別人不曾識破，那就更慘

   ③ 你騙了別人的錢，可以退賠，你騙了別人的愛，就成了無赦的罪人

   ④ 愛怕撒謊

   ⑤ 除非你已良心喪盡，否則便要承諾愛的假象，那心靈深處的絞殺，永無寧日

   ⑥ 假如別人識破，我們就成了虛偽的壞蛋

   A. ①④②⑤⑥③

   B. ④①⑥③②⑤

   C. ④①⑤③②⑥

   D. ①⑤④⑥③②

PART ONE
題庫練習

PART TWO
模擬試卷

PART THREE
考生急症室

2. ① 由「形符」和「聲符」組合起來的字就是形聲字

② 現在的漢字，大部分都是用這種方法造出來的

③ 我們的祖先想到一個好辦法，他們把一個字分成兩部分

④ 用圖形構成的象形文字有很大的局限性，它無法分辨相似的事物

⑤ 另一部分是一個同音（或近音）的字，用來表示事物的讀音，這部分稱為「聲符」

⑥ 一部分是一個「象形字」，表示事物的類別，這部分稱為「形符」

⑦ 這樣，事物的形狀無論多麼相似，只要讀音上有區別，都可造出不同的字形去表達了

A. ②⑥⑤①④③⑦

B. ④③①⑦⑥⑤②

C. ①②④③⑥⑤⑦

D. ④③⑥⑤①⑦②

3. ① 至少在二、三十年前，樹上打下來的果子可以直接吃，農民帶著自家散養的雞到早市上賣，牛奶瓶上的那層封口紙蓋一揭開能舔到厚厚的奶油

② 而在這些溫暖之中，味覺的記憶最持久，也最為清晰

③ 並且人的回憶越遠，就會把能記住的美好放得越大，那一口兒時的味道就成了絕望的單相思對象

④ 《舌尖上的中國》生逢其時，恰恰説明我們所處的時代，正在經歷一個非常脆弱的階段

⑤ 再也沒有什麼巨無霸式的標杆可以拯救人與人之間的信任危機，這種時候，反而是回望過去的日子，會帶給人些許溫暖

⑥ 遠離家鄉，獨自生活。無休止的加班，亞健康的隱患，層出不窮的食品安全問題，以及那些傲慢的大型食品生產企業，這一切都讓我們名正言順地失去安全感

A. ①③⑥⑤②④

B. ⑥⑤②①③④

C. ④⑥⑤②①③

D. ⑥⑤④②①③

PART ONE
題庫練習

PART TWO
模擬試卷

PART THREE
考生急症室

4. ① 不同物種相互間爭奪資源的戰爭進行得格外慘烈

② 其中有一種榕樹更狠，它的氣生根像一串繩索一樣能把宿主絞死

③ 熱帶雨林的自然條件看似不錯

④ 不少植物進化成了氣生根，以便能更好地吸收周圍環境中的營養物質

⑤ 但正因為如此，導致植物的種類和總的生物量爆炸性增長

A. ③⑤①④②

B. ①③⑤②④

C. ①④③⑤②

D. ④②⑤①③

5. ① 還有那些對他們沒有用處的野草，全鏟除乾淨、蟲子消滅光

② 在那裡，除了人吃的糧食，土地再沒有生長萬物的權利

③ 在許多地方，人們已經過於勤快，把大地改變得不像樣子，只適合人自己居住

④ 有人說，南疆的維吾爾農民懶惰，地裡長滿了草

⑤ 他們忙忙碌碌，從來不會為一隻飛過頭頂的鳥想一想，它會在哪兒落腳？它的食物和水在哪裡？

⑥ 我倒覺得，這跟懶沒關係，而是一種生存態度
   A. ①⑤②④③⑥
   B. ③④①②⑥⑤
   C. ④②⑥⑤①③
   D. ④⑥③⑤①②

6. ① 成長和成才所包含的意蘊要深刻和正面，也是多元化的

② 真正意義上的成功，已經被狹隘的「成功學」所污染了，它所攜帶的那些正面力量就因此被人們一並厭惡

③ 讓青年不被庸俗的「成功學」左右，首先要釜底抽薪——我們不要總談「成功」，要轉化話語系統

④ 對青年，我們不建議過多使用「成功」這個詞，而應更

PART ONE
題庫練習

PART TWO
模擬試卷

PART THREE
考生急症室

多地使用「成長」和「成才」

⑤ 不要以為這是換湯不換藥——話語系統其實就是一種
藥，話語系統的轉換就是換藥

⑥ 作為意識形態的話語，對自我認知的影響很大

    A. ①④②③⑥⑤

    B. ②①④③⑤⑥

    C. ③⑤⑥②④①

    D. ④①②③⑥⑤

7. ① 如果葉酸鹽太少則可能導致嚴重的神經缺陷

    ② 只是為了阻止一種人體必需的叫做葉酸鹽的營養物質的
分解

    ③ 它在胚胎發育時期的神經管形成時具有重要作用

    ④ 此外，葉酸鹽對細胞分裂和生成也意義重大

    ⑤ 葉酸鹽是維生素B複合物的成員之一

    ⑥ 早期人類皮膚變黑並不是為了不讓陽光中的紫外線輻射

    A. ②⑥③④①⑤

    B. ⑥②⑤③①④

    C. ②⑤⑥③①④

    D. ⑥④②③⑤①

8. ① 所以，與其指望讀書激勵自己，不妨參考一下做勵志書
    的書商，他們才是真正的勵志楷模

    ② 在「成功學」主導的社會文化中，讀勵志書似乎是通向
    成功最經濟也最可操作的一條路徑

    ③ 而在勵志書生產的產業鏈中，許多書商靠販賣甚至推出
    勵志書而大發其財，取得了事業上的成功

    ④ 勵志書的大賣是一個很有中國特色的現象

    ⑤ 盡管各路專家學者把勵志書批得一錢不值，卻依然不妨
    礙它們大賣

    ⑥ 直到現在，滿街的書攤上依然被《正能量》《我的成功
    可以複製》之類的書充斥著

    A. ②①④⑤⑥③

    B. ④⑥②⑤③①

    C. ②①⑤⑥④③

    D. ④⑥③⑤②①

PART ONE
題庫練習

PART TWO
模擬試卷

PART THREE
考生急症室

9. ① 在丹麥、瑞典等北歐國家發現和出土的大量石斧、石製矛頭、箭頭和其他石製工具以及用樹木造出的獨木舟便是遺證

② 陸地上的積冰融化後，很快就出現了苔蘚、地農和細草，這些凍土原始植物引來了馴鹿等動物

③ 又常年受著從西面和西南面刮來的大西洋暖濕氣流的影響，很適合生物的生長

④ 動物又吸引居住在中歐的獵人在夏天來到北歐狩獵

⑤ 北歐雖說處於高緯度地區，但這一帶更正是北大西洋暖流流經的地方

⑥ 這大約發生在公元前8,000年到公元前6,000年的中石器時代

A.⑥②④①⑤③

B.⑤②③④①⑥

C.⑥⑤③②④①

D.⑤③②④⑥①

10. ① 員工一般通過深層扮演和表層扮演這兩種方式來實現情緒勞動

② 情緒勞動是指員工為了給顧客提供更為優質的服務而表達出公司所需情緒的行為

③ 此時員工的情緒體驗並沒有改變，改變的只是對其服務對象的情緒表達

④ 從本質上來說，深層扮演是員工改變自己情緒體驗的過程

⑤ 情緒勞動對公司而言有更多的積極效應，對員工個人來說則消極影響更多

⑥ 表層扮演是員工通過掩飾、誇大或抑制等方式來調整自己的情緒表達

A.②③①④⑥⑤

B.②①④⑥③⑤

C.⑤②③①④⑥

D.⑤①④⑥②③

11. ① 進行良好的時間管理，同時需要這些品質

　　② 把握好間隔和規律正是時間管理的內容

　　③ 當雞蛋越來越多，情況越來越糟的時候，你要有能力控制局面

　　④ 進行時間管理，就好像拋雞蛋

　　⑤ 要做好拋雞蛋的動作，需要耐心、毅力、練習和計劃

　　⑥ 你要不停地把手中的一顆雞蛋換成另一顆，還要保持所有的雞蛋都不落到地上

　　A.②④③⑥⑤①

　　B.⑤①⑥④③②

　　C.②④⑤⑥①③

　　D.④⑥⑤①③②

12. ① 如果把信息看做是一種自我資源，那麼信息的公開透明就會被當做是一種權宜之計

② 這説明，公開透明不僅是一個技術問題，更是一個深層次的理念問題

③ 面對一些突發性公共事件，許多地方都會在第一時間發布信息，這極大地增進了人們對政府的信任支持

④ 在這個意義上，公開透明的問題，本質上是一個以人為本的問題；政府公信力的打造，與政府服務人民緊密相連

⑤ 也有一些信息發布的效果並不好，究其原因，就在於發布的並非是公眾關注的信息，甚至對公眾的關切質疑刻意回避

⑥ 反之，如果樹立服務型政府理念，認識到政府信息的公共資源屬性，尊重人民的知情權，公開透明就會成為一種主動選擇

A.①④③⑤②⑥

B.③⑤①④②⑥

C.①③⑤⑥②④

D.③⑤②①⑥④

PART ONE
題庫練習

PART TWO
模擬試卷

PART THREE
考生急症室

13. ① 這樣「噴」出來的衣服可以水洗，能反覆穿著

② 度身定制的傳統定義將被改寫

③ 只需將不同顏色的噴霧噴至身上，便能制成一件款式自定、薄厚隨心、完全貼合身材的無縫天衣

④ 化學家保羅·盧克漢姆與時裝設計師曼內爾·多雷斯合作，研發出了一種新型纖維

⑤ 而當款式和顏色不再流行時，只需放入特製溶劑便可重新恢復為液態，以便循環利用，相當環保

⑥ 將棉纖維、聚酯材料和溶劑混合在一起，製成一種可以裝在罐子裡的纖維噴霧

A.④②⑥⑤③①

B.③⑥①④②⑤

C.②④⑥③①⑤

D.⑥③①④⑤②

14. ① 大自然是個有機整體

② 只要其中一個要素發生變化，就會引起其他要素的相應變化

③ 地理環境各個要素之間存在著相互聯繫、相互影響、相互滲透、相互制約的依存關係

④ 一個環節緊扣著另一個環節，一個過程向著另一個過程轉化

⑤ 並直接或間接地影響到人類的生存和發展

⑥ 最後必然會導致整個地理環境由量變發展到質變

A.①③②④⑥⑤

B.③①②⑥⑤④

C.③①②④⑤⑥

D.①②④⑥⑤③

15. ① 「快」似乎成了一種躲避不開的生活潮流，「快」也許是每個中國人對自己生活的最真切感受

② 究其原因，與我們快速發展的生活節奏不無關係

③ 從容作為一種悠然、寬緩的生活態度，已然成為一種稀缺的東西且離我們的生活漸行漸遠

④ 城市速度催生了我們生活的快節奏，我們在有意無意間

PART ONE
題庫練習

PART TWO
模擬試卷

PART THREE
考生急症室

做著壓縮時間的工作

A.①②④③

B.①④③②

C.③②④①

D.④①②③

16. ① 真有幸，我在五老峰上就親眼看到了那晨霧一般的雲

② 它們時而散得很快，被風一吹，立即毫無規律地舞著，盤旋著

③ 廬山素以它的美麗和雲霧聞名於世

④ 一瞬間竟不知有多少變化

⑤ 它們自山谷裊裊騰起，又緩緩升起，始終是淡如煙，薄如紗，卻不會讓風吹散

⑥ 我又轉過頭，遙望另一種雲

⑦ 時而又抱得很緊，牢牢地簇擁在一起任憑風怎麼吹也吹不開

⑧ 我坐在石凳上，偶地抬頭，頭頂上竟有那麼多雲在飄動

A.⑥①⑧②④③⑤⑦

B.③①⑧②⑦④⑥⑤

C.③①⑧⑤⑦⑥②④

D.③⑧②④⑥⑤⑦①

17. ① 經過理論與實踐的積累,再生建築學也逐步成為了一門獨立而完整的技術科學

② 到第一次世界大戰爆發時,歐洲眾多城市已經完成改造,向現代生活方式過渡

③ 在保持原有建築基本架構的基礎上,通過改變局部結構和裝修,大幅改變建築的使用功能,這就是「再生建築」

④ 以阿姆斯特丹等港口為發端,歐洲各主要城市先後開始漫長的建築再生運動

⑤ 它起源於19世紀40年代的歐洲,當時西歐各國逐步完成工業革命對產業和城市的升級改造

⑥ 城市中傳統的以居住為主的封閉社區和街區,開始讓位於交流、娛樂、購物等現代商業的空間需求

A.③⑤⑥④②①

B.①③②④⑤⑥

C.⑥①⑤③④②

D.④③⑤⑥①②

PART ONE
題庫練習
PART TWO
模擬試卷
PART THREE
考生急症室

18. ① 孩子們往往比成年人更具識人的慧眼，婦女對人的性格則常常具有銳利的洞察力

② 孩子們的笑具有這樣的特性，那些自慚虛偽的人才懼怕孩子；或許也正是由於同樣的原因，在以學識見長的行當裡，婦女們才遭人白眼相待

③ 她們之所以危險，是因為她們會嘲笑，就像安徒生童話中的那個孩子，當長輩們朝著國王並對不存在的袍服頂禮膜拜時，他卻直說國王是光著身子的

④ 要做到能夠嘲笑一個人，你首先必須就他的本來面目來看他

⑤ 財富、地位、學識等一切身外之物，都不過是表面的積累，切不可讓它們磨鈍喜劇精神的利刃

⑥ 這是因為，他們的眼睛沒有被學識的雲翳所遮蔽，他們的大腦也沒有因塞滿書本理論而僵死，因而人和事依舊保存著原有的清晰輪廓

A.①⑤③⑥④②

B.④⑤①⑥②③

C.④⑤⑥③②①

D.⑥⑤④②③①

19. ① 對於中國的學術界來說，要牢牢把握這個發言權。那種拾古人之牙慧、聽外國人之訴說的歷史應該結束了！躲避現實、畏懼權貴、自我陶醉的歷史應該結束了！

② 我們應當把我們民族文化的思想資源、外來文化的積極成果兼收並蓄用於研究當代中國的重大現實問題

③ 不管怎樣，在經濟全球化迅速發展的今天，中國已經成為世界的焦點，它可能預示著一種新的發展趨向

④ 但是，如果我們錯過了這個時機，這個發言權就會落到他人手裡

⑤ 眼下，有越來越多的外國學者和研究機構正在以極大的熱情關注和研究當代中國的發展問題，或者是居心叵測地試圖撈取政治資本

⑥ 我們不能一而再、再而三地錯過這個時機。我們不能僅僅做那種無關社會之痛癢的書齋學問

A.⑤③⑥④②①

B.③④①⑤⑥②

C.⑤③⑥②④①

D.⑥②④①⑤③

PART ONE
題庫練習

PART TWO
模擬試卷

PART THREE
考生急症室

答案與解析：

1. B

解析：觀察這六個句子，②和⑥的句式一致，二者應該是並列關係，且⑥應該在②之前，排除A、C項。①和④相比，④更適合作為首句，排除D項。故本題選B。

2. D

解析：七個句子中，⑤⑥從順序來看，⑥肯定在⑤前面。因為句子中的「一部分」、「另一部分」使然；第③④兩個句子，從邏輯關係上看，④在③的前面。而且③提到「兩部分」。很明顯⑥⑤是在③的後面；用相同的方法，可以明白①在⑤後面。故本題答案選D項。

3. C

解析：④是用《舌尖上的中國》引出話題，四個選項只有C項符合，其它三項均不符合，按照C項的順序通讀文段，符合題意。故選C。

4. A

解析：④提到了氣生根，②緊接著舉例，兩句應在一起，順序為④②，排除B、C項；④是不適合作為首句

的，排除D項。故選A。

5. D

解析：④⑥都有重複詞語「懶」，故應該放在一起，符合這種排序的只有D。按照D項的順序通讀文段，符合題意。故選D。

6. D

解析：④要求對青年更多地使用「成長」和「成才」，①則對成長和成才的具體內容作出說明，故④①相連，排除A、B兩項。②論述了成功被「成功學」所污染，③則點明要讓青年不被「成功學」左右，根據邏輯關係可知②③為因果關係，應當相連，排除C項。對D項進行連貫性檢驗，正確。故本題答案為D。

7. B

解析：②顯然不能作為首句，排除A、C項。比較B、D項，④中有一個詞「此外」，與⑥連接後語句不通，排除D項，②可以緊跟⑥排列。驗證B選項，由皮膚變黑的原因分析，引出葉酸鹽，接著分析葉酸鹽的作用，邏輯清晰，語句通順。本題正確答案為B項。

8. B

解析：①中有關聯詞「所以」，該

句中心詞是「勵志書商」，結合選項，②中心詞是「勵志書」，③中心詞是「勵志書商」，所以應該是③①相連。由此可知，本題答案為B。

9. D

解析：看選項開頭，⑥中的「這」顯然是承接前面敘述的內容，無法做開頭，排除A、C項。再看B、D項。⑤從高緯度開始說起，然後提到氣候，而③說的也是氣候，一個「又」字表明承前而來，所以當緊接⑤，排除B項。故正確答案為D。

10. B

解析：②和⑤相比，②是定義更適合做首句，排除C、D。③說「此時」員工的情緒沒有改變，但②中並沒有這種指代的內容，銜接①更合適，再分別通過深層扮演和表層扮演兩個角度來論述，故答案選B。

11. D

解析：考生可以發現⑥和⑤是描述拋雞蛋動作的，應該連在一起，故排除B、C兩項；①應該是文段中間承上啟下的句子，後面應該接著需要的品質，因此不是最後一個，故排除A，由此可得正確答案為D。D選項首先通過④引出時間管理和拋雞蛋的話題，接著通過⑥、⑤來描

述拋雞蛋的要點，然後通過①引出管理時間需要的品質，是控制局面的能力③，最後用②進行總結。由此可驗證D正確。故正確答案為D。

12. D

解析：首先分析①和③的先後順序發現，①是典型的假設條件句不做首句，故首先排除A、C項。③和⑤連接在一起講遇到突發事件要發布信息，也有出現信息發布不好的效果，語句比較緊密。②句是對於前兩句的總結。①和⑥從正反兩方面做假設，④作為尾句進行總結，故正確答案為D。

13. C

解析：④和⑥講纖維，③和①講顏色「噴」出來的衣服。由此可知，④和⑥應放在一起，③和①應放在一起，②是總結性句子，應放在段首或段尾，觀察四個選項，C項符合，且將②置於段首符合邏輯，故⑤放在段尾。C正確。

14. A

解析：首句為①或③。整個文段除了①之外都是在說「地理」的問題，只有①是在進行鋪墊，因此①更適合作為首句，據此排除B、C兩項。再看②和③，③是總述，②與其是承接關係，③應放在②前，排

PART ONE
題庫練習

PART TWO
模擬試卷

PART THREE
考生急症室

除D項。本題正確答案選A。

15. C

解析：②與③中都含有「生活」，其排序為③②。④中前面提到了中國催生了快的節奏，後面提到了我們，而①最後提到了中國人，與④中的我們相對應。①④排序的順序為④①。②的末尾提到了生活節奏，④的開頭也提到了生活快節奏，故順序為②④，故選C。

16. B

解析：③作為引子引出介紹的對象「廬山雲霧」，應排在首位。且⑥中含有「又」字，不可能排在首位。故排除A項。②⑦都含有「時而」，應連在一起，且⑦中含有「又」字，故排列順序為②⑦。②⑦都表現了雲霧瞬息萬變的特點，其後應接④，據此可排除C、D項。故正確答案為B。

17. A

解析：文段圍繞「再生建築」展開，按照邏輯順序，應該先引出這個概念，故③作為首句最恰當，由此可以快速得出答案為A。代入驗證，文段先後介紹了「再生建築」的定義、起源、發展，最後說明了「再生建築學」應運而生，順序合理。本題答案為A。

18. B

解析：⑥引導詞是代詞「這」，根據代詞具有指示上文的作用，所以通常以代詞「這」為首的句子不適合做首句，排除D。觀察首句的排序，兩個④開頭，並且④中有「首先」一詞，適合作為首句。④說嘲笑一個人要看本來面目，接下來列舉財富、地位等不能作為嘲笑一個人的依據，所以④後面應是⑤，排除A。觀察B和C，可知⑤後面要不是①，就是⑥，通讀①⑥可知，⑥應該位於①之後。故答案為B。

19. C

解析：⑥「我們不能一而再、再而三地錯過這個時機」，含有代詞「這」，說明是承接上文的內容，所以不適合作為首句，排除D。根據時間先後順序，「眼下」即為現在，可以作為發語詞。然後通過③「不管怎樣」承接上文「以極大的熱情關注和研究當代中國的發展問題，或者是居心叵測地試圖撈取政治資本」，無論哪種情況，都表明一種結果，即中國已經成為世界的焦點，這對於中國來說是個機遇。緊接著通過⑥「時機」進行連接，並通過⑥後半句「不能僅僅做那種無關社會之痛癢的書齋學問」，引出應該指向現實社會，即②。故答案為C。

模擬試卷一

中文運用

模擬測驗（一）

限時四十五分鐘

PART ONE
題庫練習

PART TWO
模擬試卷

PART THREE
考生急症室

（一）閱讀理解

I. 文章閱讀（8題）

閱讀以下文章，於有關問題中選出最合適的答案。

（文章一）

教育的目的是什麼？教育的目的就是幫助人獲得生存與生活的本領。不管一個人將來從事什麼工作，都必須能繼續自己的生活，解決日常生活中的問題。但我們的教育一直有一種忽視和輕視日常生活的傾向，在教育中一直將知識的學習與日常生活相脫離。日常生活一般是不會納入到學生的學習內容的，學生的學習與他的日常生活是分離的，他只有學習的任務，而將日常生活交給他人，交給父母去料理。在知識學習與養成教育中，日常的、世俗化的生活更加邊緣化。未來、理想、職業、人才，包括財富、明星、時尚等等，在這些傳統大詞與流行的概念與價值觀中，總是難以尋覓到同常生活的影子，嗅不到人間煙火味，看不到油鹽醬醋茶的壇壇罐罐。

其實，從人類的延續與個體生命的保障來說，同常生活比什麼都重要。人們在日常生活中建構起了豐富的知識、規範、倫理與精神。由於日常生活的無所不包，它涉及到了人與這個世界、與自然廣泛的聯繫。我們知道自己身體的秘密嗎？如何使

它更健康，更能給我們提供勞動的保障？我們應該如何處理和安排與周圍人群的關係，如何與親人相處？我們知道食物來自哪裡，它們又分別是在哪個季節與我們相遇，它們的性格如何？在生活中，我們會遇到怎樣的困難，又該如何應對？我們了解春夏秋冬，日月晨昏，了解節令的內容和地方的風土人情嗎？我們該如何才不至於悖逆時日，違反了「規矩」？這些看起來確實平常，以至習焉不察，但從尊重人的生命、從以人為本的最基本的生命倫理來說，它又確實會給人全面的教益，是我們所必需的。

千萬不要認為日常生活與精神無關，與形而上無關。一個真正懂得日常生活的人是能夠從中發現思想，不斷體會到精神的高度的。一花一世界，一木一天地，日常生活的細枝末節與我們頭頂上的星空始終交相輝映。這樣的精神首先在於人道與人性，日常生活的世界首先是此岸性的，它關乎人的生命，關乎人的幸福。承認日常生活的意義，就是表明人的肉身與感官享受的正當與合理，只有它，才是幸福的確證。

1. 文章第1段主要批評了教育中存在的什麼問題？

    A. 不利於學生獨立性的發展

    B. 教學內容脫離日常生活

PART ONE
題庫練習

PART TWO
模擬試卷

PART THREE
考生急症室

C. 教學內容枯燥無味

D. 教學方法過於死板

2. 作者認為，日常生活的重要性在於：

A. 它是人類及個體存在的保障

B. 日常生活包羅萬象

C. 有利於人類更好地認識自己

D. 它是知識的來源

3. 不屬於作者認為應納入教學內容的一項是：

A. 自然規律

B. 風土人情

C. 社會倫理

D. 藝術哲學

4. 最後一段意在說明：

A. 幸福的評價標準

B. 精神生活的重要價值

C. 日常生活的哲學意義

D. 人生的真正意義

（文章二）

科技對學術進程影響巨大，影響中國學術進程的科技活動，有三個重要的關鍵點，一是紙的發明，二是印刷技術的普及，三是網絡信息技術的異軍突起（古籍數字化為其中之一）。前二者對學術的巨大作用已被歷史證明，現代信息技術左右學術的趨向也初露端倪。

不過，人們在認識科技與學術的關係時，往往關注積極方面。比如人們認為紙張的發明和應用，促進了書籍的出版和文學的繁榮；漢末魏晉時期紙張取代簡牘極大地促進了知識普及和文化傳播。雕版印刷的積極作用也被充分認識。兩末時期的刻書最大限度地促進了教育文化傳播，並且作為一種產業加速了商業經濟的發展，改變了都市文化的布局，對文學的發展也產生了巨大影響。

_____。不講或少講並不等於存在，事實上早在北宋，蘇軾等人已經開始思考印刷流行對文人的影響。蘇軾認為，書籍多且易得，反而使記憶力衰退。對此問題，葉夢得亦頗有體悟。其《石林燕語》指出刻本書籍廣泛傳播後的兩個弊端：一是讀書人肓讀滅裂，和蘇軾的擔憂相同；二是刻本流行後，其據以刊刻的刻本反而不被重視，導致訛謬之處無法刊正。

PART ONE
題庫練習

PART **TWO**
模擬試卷

PART THREE
考生急症室

感知數學化與紙和印刷術的發明一樣，雖然也對學術有一定的負面作用，卻是歷史的必然，無可逆轉。根據歷史經驗預測數字化進程，可能有兩個特點：一是數字化感知最終取代紙本書籍，二是這個過程是漫長的。從歷史來看，紙書取代簡牘，印刷取代抄寫，都經歷了相當長的過程。究其原因，一是因為經濟成本的降低需要技術改進的支持，需要一個較長的過程。比如紙張起初很稀有，只有特權階層才能享用，隨著技術改進、成本降低，紙張才逐漸普及。二是因為觀念的變化也需要一個較長的過程。漢末魏初重簡輕紙，對粗糙的紙張並不認同，紙的應用往往與俗文化連在一起。但最終紙張的輕便廉價等好處慢慢為人接受，逐漸取代簡牘。紙簡替代的完成約在魏晉時期，刻本取替寫本則在明清刻書產業全面興隆之後方才完成，均完成了較長的一段時期。可以設想，電子文本全面取代紙本同樣需要一個漫長的過程，比如電子出版得到官方認可，電子文獻征引獲得「合法性」，各種電子書籍和電子商品全面普及等等，均需漫長的時日。

5. 填入劃橫線部分最恰當的一項是：

    A. 人們很少將學術與政治環境聯繫起來

    B. 沒有比紙和印刷更重要的發明了

    C. 科技進步會影響人的「心理」活動

    D. 科技對學術的負面作用卻鮮少提及

6. 下列哪項屬於科技對學術的消極影響？

    A. 紙張的發明和應用促成文化普及

    B. 兩宋刻書作為一種產業加速商業經濟的發展

    C. 印刷術的推廣促進教育文化傳播

    D. 刻本流行使得據以刊刻的抄本反而不被重視

7. 下列哪項最有可能是蘇軾的觀點？

    A. 近歲市人轉相摹刻……而後生科舉之士，皆束書不觀，游
       談無根

    B. 世既一以板本為正，而藏本日亡，其訛謬者遂不可正，甚
       可惜也

    C. 牛童馬走之口無不道，至於繕寫模勒，燁賣於市井

    D. 輕於蟬翼薄於紗，欄畫烏絲整雙斜。不用文人愁紙貴，淡
       黃遍種瑞香花

8. 下列哪項與最後一段的內容不符？

    A. 數字化古籍最終可能取代紙本書籍

    B. 成本降低是紙張取代簡牘的重要前提

    C. 紙簡替代在明清刻書產業全面興隆後方才完成

    D. 電子文獻合法徵引是電子文本取代紙本的必要條件

PART ONE
題庫練習

PART TWO
模擬試卷

PART THREE
考生急症室

II. 片段／語段閱讀（6題）

閱讀文章，根據題目要求選出最合適的答案。

9. 世界記憶工程是世界遺產項目的延續。世界遺產項目是聯合國教科文組織於1972年發起的，比世界記憶工程早20年，它關注的是自然和人工環境中具有突出意義和普遍價值的文化和自然遺產，如具有歷史、美學、考古、科學和人類學研究價值的建築物或遺址。而世界記憶工程關注的是文獻遺產，具體講就是手稿、圖書館和檔案館保存的任何介質的珍貴文件，以及口述歷史的記錄等。

根據這段文字，世界遺產項目與世界記憶工程的主要區別體現在：

A. 文化與檔案

B. 實物與遺跡

C. 實物與記錄

D. 遺產與文獻

10. 我相信人有質素的差異。苦難可以激發生機，也可以扼殺生機；可以磨煉意志，也可以摧垮意志；可以啟迪智慧，也可以蒙蔽智慧；可以高揚人格，也可以貶抑人格，——全看受苦者的質素如何。質素大致規定了一個人承受苦難的限度，在此限度內，苦難的錘煉或可助人成材，超出此則會把人擊碎。

這段文字意在強調：

A. 苦難受人的質素程度的制約

B. 受苦者的質素決定了其承受苦難的限度

C. 受苦者的質素可以錘煉人也可以擊碎人

D. 苦難在受苦者的質素承受範圍內可以激發生機

11. 在一次商業談判中，甲方代表說：「根據以往貴公司履行合同的情況，有的產品不具備合同規定的要求，我方蒙受了損失，希望以後類似的情況不再發生。」乙方代表回應道：「履約時出現質量問題，按規定可以退回或求償，貴公司當時既沒退貨，也未提出求償要求。這究竟是怎麼回事？」

在這段文字中，乙方代表的回答實際上要表達的意思是：

A. 甲方企圖要乙方賠償上次合同的損失

B. 甲方說乙方有的產品不符合要求，但無證據

C. 甲方因為寬容，已經損失了追究乙方違約責任的時機

D. 甲方為了在這次談判中增加談判的籌碼，故意指責乙方以往有違約行為

PART ONE
題庫練習

PART TWO
模擬試卷

PART THREE
考生急症室

12. 愛因斯坦曾經明確表示，他思考問題時不是用語言進行思考，而是用活動的跳躍的形象進行思考，當這種思考完成以後，他要花很大力氣把它們轉換成語言。由此可見，思維是一個極為複雜的過程，形象思維與抽象思維本來就是同一思維中的水乳交融的有機組成部分。

這段話主要支持了這樣一種觀點：

A. 愛因斯坦其實並不懂得用語言進行思考。

B. 形象思維是比抽象思維更優越的一種思維方式。

C. 形象思維與抽象思維是密不可分的。

D. 提升思維水平的關鍵在於發展抽象思維能力。

13. 如果說記憶包括形成、存儲和提取這幾個階段，那麼植物的確存在記憶。和人類一樣，植物也存在多種不同形式的記憶。它們有短期記憶、免疫記憶，甚至還有跨代的記憶。比如，存在於捕蠅草中的短期記憶是基於電流的，很像動物的神經活動。當捕蠅草的觸發毛中有兩根被蟲子觸動，葉片就會閉合，也就是說它要記住此前有一根被觸動過。不過這種記憶只能維持20秒，之後它就忘記了。

根據上述文字，下列說法正確的是：

A. 植物的記憶和人類的記憶一樣，包括形成、存儲和提取這幾個階段

B. 不同植物的記憶形式不同，有長期的，也有短期的

C. 捕蠅草短期記憶的存在機理和動物神經活動類似

D. 捕蠅草的記憶只能維持20秒，之後就會忘記

14. 近年來，漢語出現了許多新詞新語。對同一事物或現象，有人願意這樣說，有人願意那樣說。對此，語言工作者應該進行客觀冷靜的分析。看到那種盲目效仿港台語，或者為表現個性而表現個性的刻意「創新」，不聞不問是不對的。我們應規範語言運用的主流，但過分強調規範，希望純而又純也不行。

對這段文字概括最準確的是：

A. 新詞新語是人們社會生活的直接反映，折射出時代的色彩。

B. 應該以科學的態度對語言運用的主流進行規範

C. 對盲目效仿和刻意「創新」的語言應進行規範

D. 對新詞新語過分挑剔不利於語言的創新和發展

PART ONE
題庫練習

PART TWO
模擬試卷

PART THREE
考生急症室

（二）字詞辨識（8 題）

選出沒有錯別字的句子：

15. A. 這個節目融合了京劇、粵劇、秦腔等中國戲曲的精萃，舞者多變的動作和戲劇化的表情，淋漓盡致地表達了喜怒哀樂的情緒。

    B. 城郊的這座園林，亭台樓閣錯落有致，溪流小徑曲折縈紆，到了春天，雜花生樹，草長鶯飛，真是一處世外桃源。

    C. 在全球一體化進程中，有些備受國人青睞的外國名品，其實是用中國的原料，在中國的流水線上生產出來的，已不是地道的泊來品。

    D. 該公司在把握市場脈搏的基礎上，另辟蹊徑，依靠獨樹一幟的管理理念以及出奇不意的營銷策略贏得了商機，獲得了發展。

16. A. 天津楊柳青鎮是年畫的發祥地，每年春節前後，海內外游客都紛至踏來，感受臘月新春的民俗風情。

    B. 每當誰做了有益於公眾的事，社會就理所當然地給誰以肯定和稱誦，誰也就會因此贏得巨大的榮譽。

    C. 經過一年的調查取證，檢查機關終於查清了這家公司的總經理循私舞弊而導致公司倒閉的事實。

    D. 感知明快的人，善於洞察前景，知微見著；感知遲鈍的人，往往過於拘泥和死板，只看到過去而看不到將來。

17. A.他一下車，歌迷們便蜂湧而上，爭相拍攝，請求簽名。

B.登上天安門城樓，他浮想連翩，熱淚奪眶而出。

C.「熵」是表現系統內部無序和混亂程度的量度，其降低表明系統的進化和有序。

D.由於當前國際能源價格不斷飆升、全球環境與氣候問題突顯，該文件將對中美未來經濟合作具有重大影響，也將為全球可持續發展做出貢獻。

18. A.他抱著破斧沉舟的決心，減重十公斤。

B.自從畢業以後，他就消聲匿機，同學會都不出現。

C.老師的一席訓話，對我來說尤如當頭捧喝，幫助我認清了自己的錯誤。

D.竹塹地區在日據時期曾經文風鼎盛，名家輩出，烜赫一時。

19. 請選出下面簡化字錯誤對應繁體字的選項：

A. 愿→願

B. 丑→醜

C. 历→夯

D. 松→鬆

PART ONE
題庫練習

PART TWO
模擬試卷

PART THREE
考生急症室

20. 請選出下面簡化字錯誤對應繁體字的選項：

A. 芸→藝

B. 朱→硃

C. 余→餘

D. 御→禦

21. 請選出下面簡化字錯誤對應繁體字的選項：

A. 筑→築

B. 准→淮

C. 致→緻

D. 卜→蔔

22. 請選出下面繁體字錯誤對應簡化字的選項：

A. 豬→朱

B. 穀→谷

C. 蔔→卜

D. 鬱→郁

(三)句子辨析(8題)

選出有語病的句子：

23. 下列各句沒有語病的一項是：

A. 據劉大使介紹，這位非洲國家前總統在位時期，他就開始使用「全天候朋友」一詞。

B. 盡管作為歐盟成員國的希臘經濟總量有限，其債務危機不足以使美國經濟受到直接衝擊，但是仍然會間接影響美國經濟的復蘇進程。

C. 災後重建三年目標任務兩年基本完成的原因：一是十八個對口城市支援的結果，二是災區政府部門群眾自力更生所取得的成績。

D. 從醫學角度看，早餐在供應血糖方面起著重要的作用。不吃或少吃早餐，會使血糖不斷下降，造成思維減慢、反應遲鈍、出現低血糖休克，甚至精神不振。

24. 下列句子，表達明確沒有語病的一句是：

A. 這篇作文別具一格，我在大堆子中發現它，給人耳目一新之感.

B. 經過老主任再三解釋，才使他怒氣逐漸平息。

C. 對於能不能既提高教學質量，又減輕學生負擔的問題，我們的回答是肯定的。

D. 研究顯示中文能表達極為抽象的別的文字難以表現的思想。

PART ONE
題庫練習

PART TWO
模擬試卷

PART THREE
考生急症室

25. 下列沒有語病的一句是；

A. 這種全封閉的「蠶豆」式自行車，最高時速可達75.6公里以上。

B. 電子工業能否迅速發展，並廣泛滲透到各行業中去，關鍵在於能否加速訓練並造就一批專門技術人材。

C. 通過參觀訪問，使我們開闊了眼界。

D. 清晨，雄雞報曉三更時分，我就起床出發了。

26. 下列各句，沒有語病的一句是：

A. 為了全面推廣利用菜籽餅或棉籽餅餵豬，加速發展養豬業，這個城鎮舉辦了三期飼養員技術培訓班。

B. 他們在遇到困難的時候，並沒有消沉，而是在大家的信賴和關懷中得到了力量，樹立了克服困難的信心。

C. 語言的詞彙及其含義是為全民所共同理解和共同承認，否則，社會交際就無法進行。

D. 他總是沉默寡言，但只要一到學術會議上談起他那心愛的專業時，就變得分外活躍而健談多了。

27. 下列句子沒有語病，句意明確的一項是：

A. 不管你學習什麼，只要專心致志，痛下功夫，堅持不懈地努力，就一定會有收獲。

B. 你們必須馬上離開這個危險地帶，除了我以外，目前，誰也不能保證你們的安全。

C. 這個曾經瀕臨破產的公司，不僅向國家交納了200萬元稅金，而且還向銀行還清貸款。

D. 很多家用電器，由發展中國家生產的並不比已發展國製的差。質量不僅能與之抗衡，而且價格也很便宜。

28. 下列句子沒有語的一項是：

A. 隨著社會的發展，生活的改變，使許多字眼起了變化。

B. 同生命和人類起源一樣，宇宙起源一直是一個令人關注的科學前沿問題。

C. 星期天我們去郊遊，山上那麼多杜鵑令我們遊興大發。

D. 法國一家老字號製藥廠生產的中成藥素以選料上乘、工藝精湛、配方獨特而馳名國際。

29. 下列各句沒有語病的一項是：

A. 樂園裡展出的有象徵中華民族精神的冰雕藝術品，也有取材於《西遊記》、《海的女兒》等神話和神話故事。

B. 我每次向他借書，他都不顧年老體衰，親自冒著嚴寒到小書房去找。

C. 電子工業能否迅速發展，並廣泛滲透到各行各業中去，關鍵在於能不能加速訓練並造就一批專業技術人才。

D. 他平時總是沉默寡言，但只要到學術會上談起他那心愛的專業時，他就變得分外活躍並且健談多了。

PART ONE
題庫練習

PART **TWO**
模擬試卷

PART THREE
考生急症室

30. 下列各句，沒有語病，句意明確的一句是：

A. 他馬上召集會議進行研究，統一安排了現場會的內容、時間和出席人員，以及會議中應注意的問題。

B. 某工廠以技術進步為動力，不斷致病句訓練大集合力於新產品、新技術、新工藝、新材料的研製開發。

C. 當前和今後一個相當長的時間內，每年進入勞動年齡的人口數很大，安排城市青年勞動力就業是一次相當繁重的任務。

D. 在古代，這類音樂作品只有文字記載，沒有樂譜資料，既無法演奏，也無法演唱。

(四)詞句運用(15 題)

這部分旨在測試考生對詞語及句子運用的能力。

31. 貝多芬曾多次_____地對小卡爾進行批評勸誡，但他的仁慈和寬容沒有喚回毫無人性的小卡爾。

    A. 殫精竭慮

    B. 好心好意

    C. 仁至義盡

    D. 苦口婆心

32. 從歷史的角度看，生態問題只有通過不斷重建天人之間的統一才能解決，僅僅讚美自然的原初形態，一味謳歌、緬懷天人之間的原始統一，只能得到某種抽象、空泛的滿足，而無法真正解決生態的問題。生態的危機因人而起，也只有通過人自己的合理活動來克服。單純地由於人的作用導致生態困境而拒斥人的活動，無異於_____。

    A. 因小失大

    B. 因噎廢食

    C. 等因奉此

    D. 因循守舊

33. 多年前，中國有位著名的能源技術科學家曾多次為相關
　　領導層_____地介紹了通過科學技術提高能源利用效率
　　的基礎知識，他所表述的觀點直到今天仍然能夠讓我們
　　有_____之感。
　　A. 鄭重其事 振聾發聵
　　B. 不遺餘力 豁然開朗
　　C. 深入淺出 茅塞頓開
　　D. 語重心長 耳目一新

34. 總統正親切地注視著我們，目光充滿了_____。
　　A. 關心
　　B. 關注
　　C. 關切
　　D. 關愛

35. 一位年邁的婦女帶著孫子，_____在火車站前，眺望著
　　這充滿民族風格的宏偉建築群，嘴裡不住地嘖嘖稱贊。
　　A. 屹立
　　B. 矗立
　　C. 佇立
　　D. 挺立

36. 在嘈雜環境下，大腦會自動_____不熟悉的人的聲音，只_____身邊熟人所發出的聲音。在這種情況下，那些不熟悉的話語聲只好面對_____的命運。

A. 篩選 保留 置若罔聞

B. 過濾 接收 充耳不聞

C. 淘汰 選擇 灰飛煙滅

D. 排除 存儲 煙消雲散

37. 歐債危機在2012年繼續惡化，_____了世界其他國家的經濟增長。美國雖然沒有像歐洲那樣陷入第二輪的經濟衰退，但美國的經濟增長仍然非常_____，只有2%左右。歐債危機、美國的「財政懸崖」及由於釣魚島問題導致的日趨惡化的中日經貿關係，有可能_____一場新的全球性衰退。

A. 阻礙 脆弱 誘發

B. 影響 緩慢 導致

C. 拖累 疲軟 引發

D. 逆轉 乏力 催生

PART ONE
題庫練習
PART TWO
模擬試卷
PART THREE
考生急症室

38. 世界建築文化源遠流長。自古以來，人們在建築房屋的過程中，創造著自己的建築文化。因此，建築彙聚了文化的精華，也體現了建築師的人文修養。縱觀歷史上優秀的建築師，除了學識淵博外，大都有著豐富的閱歷，而不是＿＿＿＿＿＿＿的理論家，正因此，他們才能＿＿＿＿＿＿＿，遷想妙得，將自己意匠獨造的想像力滲入建築之中，豐富人類的建築文化。

A. 循規蹈距 融會貫通

B. 紙上談兵 博采眾長

C. 閉門造車 才華橫溢

D. 墨守陳規 推陳出新

39. 紐西蘭懷托摩螢火蟲洞裡的螢火蟲對生存環境的要求＿＿＿＿＿＿，遇到光線和聲音便無法生存。目前只在紐西蘭和澳大利亞發現了這種螢火蟲。人們無法在影視作品中欣賞到，連旅遊宣傳照片也＿＿＿＿＿＿。

A. 求全責備 寥寥無幾

B. 挑三揀四 為數不多

C. 吹毛求疵 不可多得

D. 始終如一 屈指可數

40. 這些案犯私自印製已註冊商標以及＿＿＿＿、＿＿＿＿、＿＿＿＿
假冒商品的行為均已構成犯罪。

A. 運輸、銷售、製作

B. 銷售、運輸、製作

C. 製作、運輸、銷售

D. 製作、銷售、運輸

41. ①趣味是一個比喻，由口舌感覺引申出來的

②文學的修養可以說就是趣味的修養

③趣味對於文學的重要於此可知

④辨別一種作品的趣味就是評判，玩索一種作品的趣味就
是欣賞，把自己在人生、自然或藝術中所領略得的趣味
表現出就是創造

⑤它是一件極尋常的事，卻也是一件極難的事

⑥文學作品在藝術價值上有高低的分別，鑒別出這高低而
特有所好，特有所惡，這就是普通所謂趣味

A. ⑥④③②①⑤

B. ③⑥①⑤④②

C. ⑥②③①④⑤

D. ⑤①⑥②④③

42. ①再比如財產公開不需要保護隱私，但香港把保護隱私作為財產申報公示制度的基本原則，保護申報人隱私也是一項國際慣例

②但在如何公開，何時公開，怎樣公開等問題上還遠沒達到共識的程度

③有人分析稱，各界在認識上存在不少誤區，比如認為所有公務員都要公開，但香港就並非如此

④從現實情況看，就官員財產要不要公開的問題，早有基本共識

⑤這就需要我們靜下來研究問題，而不是流於情緒的宣泄

⑥這樣的冷靜分析不是沒有道理

A. ④③②①⑤⑥

B. ③①④②⑤⑥

C. ④②③①⑥⑤

D. ③②④①⑥⑤

43. ①每當普希金詩情洋溢時,形象便在腦海裡繽紛湧現

②這是他獨有的一種繪畫狀態

③繪畫是普希金的一種表達方式

④所以普希金的畫大多畫得很快,是他瞬間形象想像的靈性記錄

⑤他大量的畫,是繪在他詩作的手稿上

    A. ③⑤①②④

    B. ①②③⑤④

    C. ②①③④⑤

    D. ①④③②⑤

44. ①獎牌背面鑲嵌玉璧

②即站立的勝利女神和希臘潘納辛納科競技場全景

③獎牌正面使用國際奧委會統一規定的圖案

④獎牌的掛鉤由中國傳統玉雙龍蒲紋璜演變而成

⑤玉璧正中的金屬圖形上鐫刻著北京奧運會的會徽

    A. ③②①⑤④

    B. ④③②①⑤

    C. ③②④①⑤

    D. ①⑤③②④

45. ①歷史上嚴重的乾旱和洪水給生命和財產帶來了難以估計
　　的損失

　　②但卻未能從根本上擺脫嚴重的乾旱和洪水反覆給經濟社
　　會帶來的巨大災難

　　③幾千年來，人類以巨大的努力不屈不撓地進行著築堤防
　　洪、截流蓄水、開渠引水、掘井取水等傳統模式的水利
　　建設，推動著文明的發展

　　④而現代社會在嚴重的旱澇災害面前仍然脆弱無力

　　⑤而且到處分布和大規模聚集的人口更易受生態破壞、氣
　　候惡化所帶來的自然災害高頻率、高難度的更大衝擊

　　A. ③②①④⑤

　　B. ①④③②⑤

　　C. ③④⑤②①

　　D. ①③④②⑤

【模擬測驗(一)答案】

(一) 閱讀理解

I. 文章閱讀(8題)

1. B

解析:定位第一段的轉折詞「但」可知,重點在其後——教育有忽視和輕視日常生活的傾向。因此可知問題即為教育脫離了日常生活,故正確答案為B。

2. A

解析:第二段屬於提出觀點-舉例論證觀點——重申觀點型的「總—分—總」結構,重點在最後的總結,即「它確實會給我們全面的教益,是我們所必須的」,所以,此段主旨是日常生活對於人類及個體存在的保障作用,故正確答案為A。

3. D

解析:定位篇章第二段,「我們應該處理和安排與周圍人群的關係,如何與親人相處?」可知C社會倫理「屬於」;「了解節令的內容和地方的風土人情嗎?」可知B風土人情「屬於」;依據「我們知道事物來自哪裡,它們又分別是在哪個季節與我們相遇」可知A自然規律「屬

於」;文中沒有提到D項的「藝術哲學」,屬於無中生有的錯,故正確答案為D。

4. C

解析:最後一段首句就提出了觀點「千萬不要認為日常生活與精神無關,與形而上學無關」,是從哲學和精神層面進一步剖析日常生活的內涵;其次,從「一花一世界,一木一天地」和尾句「承認日常生活的意義,就是表明人的肉身與感官享受的正當與合理」,都是在闡述日常生活的哲學意義。故正確答案為C。

5. D

解析:通過此空出現的位置和邏輯分析可知,應起到總結全段的作用。本段核心在於,強調了「印刷技術流行對文人的消極的影響」,換言之,也就是D項所說的「科技對學術的負面作用」,故本題答案為D選項。

6. D

解析:根據第二段「科技與學術的積極關係」可知,A、B、D項在此

範圍內。只有D項，相關信息在第三段，表述的是「消極影響」。故本題答案為D選項。

7. A

解析：根據第三段信息「蘇軾認為，書籍多且易得，反而使記憶力衰退……讀書人誦讀滅裂，和蘇軾的擔憂相同」可知，蘇軾的觀點是：書多反而讓文人不喜歡讀書了（誦讀滅裂）。A項強調的科舉之士（文人）束書不觀是對其觀點的准確反映。B項強調的「訛謬者」與C項強調的「繕寫模勒」都在説一個問題，那就是葉夢得在《石林燕語》中強調的第二個弊端：「刻本流行後，其據以刊刻的抄本反而不被重視，導致訛謬之處無法刊正」，而此觀點與蘇軾觀點不一致。排除B、C。D項「輕於蟬翼薄於紗，欄畫烏絲整又斜」強調的是「紙張非常好」，與蘇軾觀點無關。故本題答案為A選項。

8. C

解析：根據最後一段信息「但最終紙張的輕便廉價等好處慢慢為人接受，逐漸取代簡牘。紙簡取代的完成約在魏晉時期……」可知，C項偷換時態，是在「魏晉時期」而非「明清之後」。故本題答案為C選項。

II. 片段／語段閱讀（6題）

9. C

解析：本題為細節判斷題。材料主要介紹了世界遺產項目和世界記憶工程，「世界遺產項目」主要關注的是「文化和自然遺產」，如建築物或遺址，是實物；「世界記憶工程」主要關注的是「文獻」遺產，如珍貴文件和記錄，是一種文字記錄，所以兩者的主要區別是實物與記錄，C為正確答案。

A項中的「文化」不準確，兩者都具有文化內涵；B項珍貴文件和記錄不是「遺跡」，排除；世界遺產項目和世界記憶工程都是關於「遺產」的項目，只不過研究的遺產內容不同，「遺產」不是區別，而是共性，排除。故正確答案為C。

10. B

解析：文段主要論述的是人的質素與所承受的苦難的關係，即人的質素水平決定了他所能承受的苦難，以及苦難帶給他的影響。A項説法錯誤，排除；B項是文段意圖的同義轉換；C項偷換概念，可以錘煉人也可以擊碎人的是苦難，而非質素；D項只提出了一個方面，説法片面，故本題選B。

11. D

解析：根據甲方在提出不滿後最

後以「希望以後類似的情況不再發生」作結——本對話是為今後的合作談判，而題目問題是推斷乙方回答的意圖，可知本題為隱含主旨題。A項的觀點沒有在材料中體現，且引申不合理；B項未引申，同時B、C能支持D項，D項引申適度，故正確答案為D。

12. C

解析：據提問知此題為表面主旨題。

據「由此可見」可知，其後是文段主旨。故選C。

A項錯誤，愛因斯坦是不用語言進行思考，而非不懂得用。

B、D項說法曲解文意，刻意把一種思維凌駕於另一種思維之上，故錯誤，故正確答案為C。

13. C

解析：文段中說植物的記憶和人類的記憶一樣，存在多種形式，說記憶包括形成、存儲和提取這幾個階段，並沒有說植物和人類的記憶一樣包括包括形成、存儲和提取，故A項錯誤；文段中說植物存在多種記憶形式，並未說不同植物的記憶形式不同，故B項錯誤；根據文中「存在於捕蠅草中的短期記憶是基於電流的，很像動物的神經活動」

可知，C項正確；D項表述是以偏概全，文段中是說捕蠅草的短期記憶只能維持20秒，並不代表捕蠅草的記憶就只能維持20秒。故本題正確答案選C。

14. B

解析：據提問「概括」可知此題為表面主旨題。材料前兩句提出了「漢語出現新詞新語」這一現象。根據關鍵詞句「對此，語言工作者應該進行客觀冷靜的分析」可知，中間兩句說的是語言工作者應怎樣對待這個問題。最後一句為全段的總結句，再次對規範語言運用進行了重申。

材料屬於典型的「提出問題——解決問題——進行評價」的總分總結構，主旨句應為最後的「總」，即「我們應規範語言運用的主流，但過分強調規範，希望純而又純也不行」，也就是用科學的態度對語言運用的主流進行規範，B選項正確。

A選項不是材料的內容概括；C、D選項是對B選項的支持，屬於材料內容的其中一個方面，故正確答案為B。

（二）字詞辨識（8題）

15. A

解析：「精萃」應為「精粹」；C「

泊來品」應為「舶來品」；D「出奇不意」應為「出其不意」。

16. D

解析：A「紛至踏來」應寫作「紛至沓來」。B「稱誦」應寫作「稱頌」。C「檢查機關」應寫作「檢察機關」。

17. C

解析：A項中「蜂湧而上」應為「蜂擁而上」；B項中「浮想連翩」應為「浮想聯翩」；D項中「突顯」應為「凸顯」。C項沒有錯別字，故正確答案為C。

18. A

解析：B應為「銷」聲匿跡。C應為當頭棒喝。D應為顯赫一時。

19. C

解析：簡化字「历」的對應繁體字為「歷」或「曆」

20. A

解析：簡化字「芸」的對應繁體字為「芸」

21. B

解析：簡化字「准」的對應繁體字為「准」

22. A

解析：繁體字「豬」的對應簡化字為「猪」

（三）句子辨析（8題）

23. B

解析：A項為歧義句，「他」既可以指代「劉大使」也可以指代「非洲國家前總統」，排除A。C項句式雜糅，刪掉「的原因」。D項，邏輯不通，應改為「造成精神不振、思維減慢、反應遲鈍，甚至出現低血糖休克」。故本題答案為B。

24. C

解析：A項有兩種，第一是「給人耳目一新之感」少了主語「它」，第二是，文章與「耳目一新」搭配不適當。B項的語病在於誤用了介詞「經過」，使句子主語殘缺。D項的語病在於語序不當，「極為抽象」應直接修飾「思想」。）

25. B

解析：A項語病有二：「最高時速」

語序不當，調整為「時速最高」；「最高」與「75.6公里以上」矛盾。C項語病是誤用介詞「通過」，句子主語殘缺。D項語病是自相矛盾，「清晨」、「雄雞報曉」與「三更時分」表達的時間概念不一致。

26. C

解析：A項語病是成分殘缺，「推廣」的賓語「技術」不見了。B項的語病是誤用介詞「在……中得到力量」改為「從」。D項的語病是結構混亂，把「變得分外活躍而健談」和「活躍而健談多了」兩個句混合使用。

27. A

解析：B項的語病是表意不明，「除了我以外」理解上有歧義，這個短語可跟上一個分句，也可跟下一句。C項的語病是不合邏輯，句中的遞進關係用錯了，前後分句順序要倒過來。D項的語病是語序不恰當，「質量不僅……，而且價格……」這個複句中兩個分句主語不同，關聯詞語要放在主語之前。

28. B

解析：A項語病是缺主語，去掉「隨著」或「使」都可以。C項語病是表意不明，「山上那麼多杜鵑」有歧義，「杜鵑」也可以是花，也可以是鳥。D項語病是語序不恰當，「配方獨特」應擺放在「選料上乘」之前。

29. C

解析：A項在「神話故事」後加上「的作品」，屬於缺少賓語；B項語序錯誤，「親自冒著嚴寒到小書房去找」改為「冒著嚴寒親自到小書房去找」，多層狀語的順序是：條件+時間+處所+範圍或否定+程度+情態+對象+中心詞；D項「分外」指指超過平常，說明他平常也活躍，和前文不符，不合邏輯。

30. C

解析：A項語病搭配不當，「現場會的內容、時間和出席人員」可以「同一安排」，但是「應注意的問題」不可以；B項的語病是有語序不錄，應將「新產品」調至最後，因為「他當前兩三者結合起來的成果，其次新技術和新工藝可以開發，但不可以研製，搭配不當；D項「在古代」這個狀語往往確定，造成表意明，即可以理解為這類音樂作品古代無樂譜資料就無法演奏、無法演唱，也可以理解為類別東古代無樂譜資料留下，現代無法演奏和演唱。

PART ONE
題庫練習

PART **TWO**
模擬試卷

PART THREE
考生急症室

（四）詞句運用（15題）

31. D

解析：D項「苦口婆心」比喻善意而又耐心的勸導，能最好得體現出貝多芬對小卡爾勸誡過程中的「仁慈和寬容」，最符合題意。A「殫精竭慮」形容耗盡精力，費盡心思，一般與事業相搭配；B「好心好意」是指懷著善意，語氣程度不夠；C「仁至義盡」指竭盡仁義之道，指人的善意和幫助已經做到了最大的限度，與文意不符。故正確答案為D。

32. B

解析：根據語境可知，「單純地由於人的作用導致生態困境而拒斥人的活動……」的「拒斥」是指完全的拒絕，排斥，即作者意在表明，不能因為人的活動破壞了環境，而選擇停止一切人類活動。

A因小失大：為了很小的利益，造成大的損失，形容得不償失，不符文意，排除A。

B因噎廢食：比喻要做的事情由於出了點小毛病或怕出問題就索性不去做。與原文因為人的活動破壞了環境，而選擇停止一切人類活動相符，B正確。

C等因奉此：泛指文牘，比喻例行公事，官樣文章。不符文意，故排除C。

D因循守舊：沿襲舊規，不思革新，死守老一套，缺乏創新的精神。不符文意，故排除D。故正確答案為B。

33. C

解析：第一空中，作為專業人士的科學家在向相關領導介紹專業知識時，應是盡量使自己的介紹使對方容易理解。「語重心長」一般用於長輩對晚輩的教育，與語境不符，排除D。「鄭重其事」和「不遺餘力」側重於態度的認真和努力，「深入淺出」指講話或文章的內容深刻，語言文字卻淺顯易懂，側重於有技巧，更符合句意。故選C。

「振聾發聵」比喻用語言文字喚醒糊塗麻木的人，使他們清醒過來。「豁然開朗」比喻突然領悟了一個道理。「茅塞頓開」形容思想忽然開竅，立刻明白了某個道理。「耳目一新」指聽到的、看到的跟以前完全不同，使人感到新鮮。 故正確答案為C。

34. C

解析：領導人物的時候用關切； 老師、父母的時候用關愛、關心 ； 一般感情的用關注。結合題幹，「總統」是領導級人物，因此用「關切」符合語境。故正確答案為C。

35. C

解析：由題幹可知，括號內的詞語所形容的對象是人，並且需要和「眺望」相搭配。選項中只有「佇立」符合要求。「佇立」指人長時間地站著。

「屹立」是指像山峰一樣高聳挺立，常比喻堅定不可動搖；「矗立」形容高聳地立著，一般指某一建築物立在某一個位置很牢固的樣子；「挺立」是指筆直地聳立。都不能和「人」搭配。故正確答案為C。

36. B

解析：本題可從第三空入手，「那些不熟悉的話語聲」是一直存在的，並沒有「灰飛煙滅」、「煙消雲散」，排除C、D。再看第一空，「篩選」泛指在同類事物中去掉不需要的，留下需要的，亦比喻精心挑選。「過濾」指濾掉雜質等。從語義側重點上來看，「篩選」的是「所有同類事物」，而「過濾」的是「不需要保留的同類事物」，並不是「所有的」。「不熟悉的人的聲音」屬於「不需要保留的同類事物」，故選「過濾」更符合句意。B項當選。

37. C

解析：先看第二空，「增長」明顯不能與「脆弱」和「乏力」搭配，排除A、D；再看第一空，與「影響」相比，「拖累」用詞更符合感情色彩，更為強烈，排除B。故正確答案為C。

38. B

解析：第一個空對應的選項為循規蹈矩，紙上談兵，閉門造車，墨守陳規。這個空主要看語境，空缺處是修飾理論家的，理論家的特點是不注重實踐，不考慮外部事物，與之對應的是紙上談兵和閉門造車，第二個空對應的選項是融會貫通，博採眾長，才華橫溢，推陳出新，這個空的提示信息是前面的「大都有著豐富的閱歷」，應填博採眾長。故本題選擇B選項。

39. C

解析：由「遇到光線和聲音便無法生存」可知，第一空説的是紐西蘭懷托摩螢火蟲對生存環境的要求很苛刻。與此義相符的只有「吹毛求疵」。本題答案為C。

40. C

解析：考查邏輯順序，可知製作——運輸——銷售這一順序合理。因此，答案為C。

PART ONE
題庫練習

PART **TWO**
模擬試卷

PART THREE
考生急症室

41. A

解析：觀察選項，作為發語句的分別為⑥③⑤三句，由「於此可知」容易看出③是一個總結性的句子，故不能作為發語句放在段首，排除B項。

由⑤中指代詞「它」可知，其前面一定有指代的具體內容，故該句也不能放在段首，排除D項。

比較A、C兩項，③是總結趣味對於文學的重要性的，而④是具體論述趣味和文學的聯繫的，從邏輯關係上來講，顯然③應放在④之後，故排除C項。因此，本題選擇A項。

42. C

解析：②中提到了財產公開問題並沒有達到共識，而③就這一問題提出了具體的現象，故②應在③前，直接排除A、B、D。正確答案為C。

43. A

解析：看①是描述普希金獨特的繪畫狀態的，所以必須和②相銜接，只有A、B符合，③必須是首句，故正確答案為A。

44. A

解析：觀察題幹語句，可發現③和②是捆綁在一起的，介紹獎牌正面的內容；①和⑤捆綁，介紹獎牌的背面；④說的是獎牌的掛鉤，依據事物的邏輯順序，題幹應是依次介紹獎牌的正面、背面以及掛鉤，由此可知A項排序正確，故正確答案為A。

45. A

解析：③引出了人類防洪抗旱的話題，更適合做短首，排除B、D；②含有轉折詞「但是」，其餘四句只有③和②構成轉折關係，故③②應相連，排除C。正確答案為A。

中文運用

模擬測驗（二）

限時四十五分鐘

PART ONE
題庫練習

PART **TWO**
模擬試卷

PART THREE
考生急症室

（一）閱讀理解

I. 文章閱讀（8題）

閱讀以下文章，於有關問題中選出最合適的答案。

（文章一）

「陽曆」與「陰曆」這兩個詞雖然大家都熟悉，但是仍有不少人對其理解有誤。有人認為陽曆來自外國，這是不對的。我們從甲骨文中可以看出中國三千年前就有十三月的名稱，已經是陰陽曆並用。《書經·堯典》上說「期三百有六旬有六日以閏月定四時成歲」。三百有六旬有六日就是陽曆年；以閏月定四時成歲乃是陰陽曆並用。西洋在希臘羅馬時代也夾用陰陽兩曆，和中國原是一樣的。陰曆是完全依據月亮的（a），陽曆則完全依據太陽的。月亮繞地球一周所需時間為29.53059天，就是29天12小時44分3秒。地球繞太陽一周所需時間為365.242216天，即365天5小時48分46秒。兩個小數不能相互除盡，要把它們合起來非常困難。但中國在春秋時代已知道十九年七閏的方法，把陰陽二曆調和得相當成功。

二十四節氣也是中國古代曆法的特點。節氣是完全跟太陽走的，可稱陽曆的一部分。地球繞日因為晝夜長短太陽高低的不同，所以一年有春夏秋冬四季。二十四節氣中，十二個為

氣，十二個為節。節應在月初，氣應在月中，譬如立春為陰曆正月之節，雨水乃正月之氣等等。二十四節氣是一個循環，有36514天，一節一氣平均30天多一點。而陰曆一個月只有29天有餘。過了若干時候必會有月份單有節而無氣，或單有氣而無節。這有節無氣的月份就叫做【　】。這樣安排的好處是陰陽兩曆的周期都照顧到了，維持了一個月中晦朔弦望，和一年中的春夏秋冬。它的缺點是年度長短不同，平年只有354天，閏年多一個月就有384天，計算極不方便。

1. 填入第一段（a）兩處最恰當的說法分別是：

A.「行動」和「周期」

B.「運轉」和「周期」

C.「圓缺」和「遠近」

D.「運行」和「運行」

2. 第二段講二十四節氣時，指出節氣「可稱陽曆的一部分」，這樣說是：

A. 因為他有一部分節氣是根據陰曆推算確定的

B. 因為二十四節氣恰好分布在十二個月之內

C. 因為沒有二十四節氣也就沒有陽曆了

D. 因為二十四節氣是觀察太陽運行來確定的

PART ONE
題庫練習

PART TWO
模擬試卷

PART THREE
考生急症室

3. 第二段末的【 】中應填的詞語是哪一項？

　　A. 小月

　　B. 殘月

　　C. 閏月

　　D. 平月

4. 下列各項中，所說的不屬於陽曆的是：

　　A. 以一年為365.24天

　　B. 以一月為29.53天

　　C. 閏年的二月份多加一天

　　D. 七月、八月都是31天

（文章二）

基因是具有遺傳效應的DNA分子片斷，是我們身體的一部分。關於基因是否應該申請專利的問題，不同的人有不同的回答。

基因是天然的遺傳物質，並非人工產物。有關基因的序列和功能的知識都是科學（a）　　，而不是（b）　技術，按慣例是不能申請專利的，故「基因專利」既不合理也不合法。嚴格的說，「專利保護的只是DNA序列的應用，而不是序列本身」。

在生物經濟時代，基因不是金錢但勝過金錢。洛克菲勒大學有一條肥胖基因，售價高達2000萬美元。由於經濟利益的驅動，已有2000個「功能已知的基因」被授予專利。這樣，受譴責的「基因專利」便獲得公認，迫使人們改變原來的倫理觀念，不得不參加「基因爭奪戰」。因為人類基因組的基因總數是有限的，必竟只有6萬到10萬個。每有一個基因獲專利，就等於少了一個基因。於是，人們為了專利而搶奪基因。特別是中國的基因資源，被國外常常是無償的掠奪，喪失知識產權，連當事人也不知情。因此，我們只有參與競爭去爭取。

5. 在（a）、（b）處恰當的詞語是：

   A. 發現 發明

   B. 發現 發現

   C. 發明 發明

   D. 發明 發現

6. 在文中四個加下劃線的詞中必須修改的是：

   A. 授予

   B. 譴責

   C. 倫理

   D. 必竟

PART ONE
題庫練習

PART TWO
模擬試卷

PART THREE
考生急症室

7. 下文四個劃線的句子中語序不當的是：

    A. 人們為了專利而搶奪基因

    B. 被國外常常是無償的掠奪

    C. 連當事人也不知情

    D. 我們只有參與競爭去爭取

8. 不屬於人們不得不參加「基因爭奪戰」的原因是：

    A. 經濟利益

    B. 基因數量有限

    C. 倫理觀念

    D. 基因專利獲得認可

II. 片段／語段閱讀（6題）

閱讀文章，根據題目要求選出最合適的答案。

9. 電視節目市場競爭情況因時段、播出季節及一周中的播出時間不同而不同。不同播出時段可得受眾的規模不同，因此收視率水平也大不相同。

   這段話想告訴我們：

   A. 電視節目的收視率受到受眾層次的影響

   B. 電視節目的收視率受到播出季節的影響

   C. 電視節目的收視率受到市場競爭情況的影響

   D. 電視節目的收視率受到播出時段的影響

10. 幾乎每個人都相信，自己的潛在價值沒有完全發揮出來，如果充分實現了自我，那麼他肯定比現在更強。這等於說，幾乎每個人都認為自己是在貶值前提下發揮著自己價值的。

    符合上面這段話意思的是：

    A. 絕大多數人不滿意自己的人生價值

    B. 絕大多數人對自己的前途充滿著信心

    C. 人生價值被低估是普遍的

    D. 人一生的價值是相對的

PART ONE
題庫練習

PART **TWO**
模擬試卷

PART THREE
考生急症室

11. 在閱讀經典的過程中，讀者的角色與經典一樣重要。閱讀古往今來的經典，除了應當虔敬地學習它的道理、它的論題、它的詞彩，還要進行一種密切的對話。對話的對象可以是永恆的真理，也可能是其他的東西。無論如何，在與經典密切對話的過程中，讀者要不斷地「生發」出對自己所關懷的問題具有新意義的東西來。

這段文字意在說明：

A. 閱讀經典重在「生發」

B. 讀者角色的重要性

C. 閱讀經典是對話過程

D. 經典提供創造的資源

12. 森林是人類文明的搖籃，是最直接影響人類能否生存下去的生態因子。森林吸收二氧化碳，釋放氧氣，以此平衡著大氣二氧化碳的比例，據估計，世界上的森林和植物每年產4,000億噸氧氣。森林是造雨者，不但影響降水量，而且減緩山坡上的土壤侵蝕。

這段話主要支持了這樣一種論點，即森林：

A. 是造雨者

B. 是「天然氧吧」

C. 是人類文明的搖籃

D. 是人類生存環境的重要組成部分

13. 加拿大研究人員對北美不同地區平均年齡29歲的308位志願者（其中198位是女性）進行了調查，結果發現，50.7%的人有互聯網拖延症而且上網時間的47%不是用來工作，而是用來拖延工作，研究表明：白領的拖延情況，比藍領更嚴重，被僱用白領比自由經營的白領更嚴重，僱用情況下，下級比上級拖延情況更嚴重，如果人們對成功的確定性大或者容易轉移注意力就更容易拖延，而令人愉悅的工作、更直接的回報、更大的機會，會讓人有動力完成的更快。

根據這段文字以下最不容易患互聯網拖延症的一項是：

A. 較少的體力付出

B. 豐厚的薪酬

C. 有趣的工作內容

D. 明確的人生

14. 「和諧」是什麼？人人都有飯吃，人人都可以說話，就是一種最為樸素的「和諧」，這也是構建和諧社會的題中應有之義。

這段話是說：

A. 人人有飯吃、可以表達個人看法，是和諧社會的主要特徵

B. 人人有飯吃、可以表達個人看法，是和諧社會的必要條件

C. 人人有飯吃、可以表達個人看法，是和諧社會的最高標準

D. 人人有飯吃、可以表達個人看法，是和諧社會的最終目標

（二）字詞辨識（8 題）

選出沒有錯別字的句子：

15. A. 書刊要裝幀，門面要裝潢，居室要裝修，營造一個舒適溫馨而又品味高雅的家可以説是工薪階層中許多人的夢想。

　　B. 舞台上，弟弟的朗頌聲情並茂，姐姐的伴奏錦上添花，母親心中的那絲擔憂很快便煙消雲散了。

　　C. 2008年1月以來，中國居民物價指數CPI出現了明顯的漲幅，不少低收入家庭倍感通貨膨漲的壓力。

　　D. 在驕陽的曝曬下，牽牛花偃旗息鼓，美人蕉慵倦無力，矜持的牡丹也耷拉下了高貴的頭顱，失去了先前的神彩。

16. A. 從呀呀學語到初識句讀，他從曲徑通幽綠樹蓊鬱紅荷映日的朗潤園走出了絢麗人生的第一步。

　　B. 感恩，大都是一種自發式的覺悟。覺悟是一種幸運的突破，若無點撥，也許會一輩子蒙敝在黑暗混沌的世界中。

　　C. 只要堅持對話，摒棄偏見，增進交流，消除隔閡，人類的文化就一定會展現出異彩紛呈、共同繁榮的燦爛前景。

　　D. 錢學謙的詩歌造詣確實達到了近代不可逾越的高度，但當一個人被歷史唾棄後，哪怕他有再美的文字，也會為人所不恥的。

17. A. 上帝手扶鬍鬚，離開了小土丘上的老頭兒。

B. 這種美使上帝迷惑不解，驚慌不已。

C. 他的一雙眼睛充滿憂鬱悲傷的神情。

D. 搖藍裡躺著個熟睡的嬰兒。

18. A. 那種清冷是柔和的，沒有北風那樣哆哆逼人。

B. 半空中似乎總掛著透明的水霧的絲簾，牽動著陽光的彩綾鏡。

C. 對於一個在北平住慣的人，像我，冬天要是不颳風，便覺得是奇績；濟南的冬天是沒有風聲的。

D. 鳥兒將窠安在繁花嫩葉當中，高興起來了，呼朋引伴地賣弄清脆的喉嚨，唱出宛轉的曲子，與輕風流水應各著。

19. 請選出下面簡化字錯誤對應繁體字的選項：

A. 种→種

B. 术→述

C. 虫→蟲

D. 仆→僕

PART ONE
題庫練習

PART TWO
模擬試卷

PART THREE
考生急症室

20. 請選出下面簡化字錯誤對應繁體字的選項：

    A. 折→摺

    B. 厂→廠

    C. 朴→柏

    D. 复→複

21. 請選出下面簡化字錯誤對應繁體字的選項：

    A. 吁→籲

    B. 辟→僻

    C. 党→黨

    D. 须→鬚

22. 請選出下面繁體字錯誤對應簡化字的選項：

    A. 家→豖

    B. 團→团

    C. 傭→佣

    D. 蠟→蜡

(三)句子辨析(8 題)

選出有語病的句子：

23. 下列句沒有語病的一句是：

A. 對泰國足球隊，韓國隊的實力是清楚的，但由於戰術思想過於保守結果又一次飲恨芝加哥。

B. 編劇坦言；寓莊於諧的電視連續劇能一時成為收視熱點，是出乎意料之外的，但也在情理之中。

C. 提高市民文化的層次；關鍵在於能否提高大眾文化的品味。

D. 政府部門和企事業單位使用國家撥款或銀行貸款從事技術改造採購設備時，要優先改進設備。

24. 下列各句，沒有語病的一句是：

A. 為了避免今後再發生類似錯誤，我們應當吸取教訓，努力改進工作。

B. 老戰友來拜訪他十分激動。

C. 他現在學習成績還不錯，但要考上大學，要看他以後能不能改進學習方法。

D. 古往今來，青青翠竹吸引了無數詩人和畫家，竹畫成為中國詩畫的傳統題材，象徵了中華民族堅定的性格，不卑不亢的氣概。

PART ONE
題庫練習

PART **TWO**
模擬試卷

PART THREE
考生急症室

25. 下列沒有語病的一句是：

A. 在老師苦口婆心的教育下，使我迅速地成長起來了。

B. 屋裡陳列著各式各樣的孔子過去所使用過的東西和書籍。

C. 那崖壁上、溝壑邊、大樹上，到處可見的長青藤，可視為外婆人格精神的象徵。

D. 我校參加「好學生代表會」的代表隊，是由三十名校級好學生中挑選出來的十三名好學生組成的。

26. 下列各句中，沒有語病的一句是：

A. 「911」事件後，隨著美國和歐洲的經濟萎縮，一些國際基金組織為尋找新的投資機會，將目光轉向亞洲，尤其是中國這個大市場。

B. 由於高級公務員長期在政府中擔任要職，形成了一個特殊的超穩定系統，結成了一個盤根錯節的人際關係網。

C. 這樣做，不僅有助於俄羅斯煤炭出口，同時也將對俄羅斯國內正在實施的煤炭走向市場的戰略舉措起到了極好的推動作用。

D. 此次賽事看點頗多，上屆冠軍得主丹麥選手佛羅斯特有可能在決賽中與印尼老將. 蘇吉亞相遇，他們將上演一場爭奪冠亞軍的好戲。

27. 下列各句中，沒有語病的一句是：

A. 每當假期來臨，一些網吧都打出優惠價格吸引中小學生，學生們趨之若鶩，這種現象令人堪憂。

B. 非洲足聯主席哈亞圖在韓國鄭夢准等人的支持下，將與現任國際足聯主席布拉特角逐下屆國際足聯主席的職位競選。

C. 中央氣象局有關專家指出，雖然這場沙塵暴是近80年來最強的一次，但在所有特大沙塵暴損失中卻是最小，目前尚無傷亡的人員報告。

D. 愛沙尼亞作為全球經濟發展不可缺少的一個重要部分，其在通信與網絡方面的發展速度超過了全球通信發展的平均速度，已經成為全球關注的焦點。

28. 下列各句中，沒有語病的一句是：

A. 除此而外，據我的愚見，集子裡許多詩句的形成也很受了古典詩歌傳統的影響。

B. 最近，我在長江三峽拾得一枚珍貴的長江奇石，它左邊的赤甲山呈粉黃色，右邊的白鹽山為青灰色，整個山形如夔門雄姿，實在是大自然的鬼斧神工。

C. 一般行文之誤，容易被發現。但數字與專名之誤，由於多半不易識別，因此更應當留神。

D. 筆村有一棵前人栽種的年逾500句的糯米糍荔枝樹。據史料記載，筆村糯米糍荔枝栽培歷史已有500多年，明朝時已普遍種植。

PART ONE
題庫練習

PART **TWO**
模擬試卷

PART THREE
考生急症室

29. 下列各句中，沒有語病的一句是：

A. 這些考古學家的死，讓人們想起了神秘的法老的咒語，但科學家們並不相信。

B. 看到孩子們活潑健康地成長，我從內心裡由衷地高興。

C. 你不認真學習，那怎麼能有好成績是可想而知的。

D. 這條河流的幹流含沙量猛增、水質污染嚴重的問題，至今沒有引起政府有關方面的重視。

30. 下列各句中，沒有語病的一句是：

A. 作為消費者，你是否想過，正是某些畸形的消費需求刺激了商業經營對生態的污染和破壞，從這個意義上說，消費者既是受害者，又是自己的加害者。

B. 「911事件」後，美國、印度、巴基斯坦三國關係進入微妙階段，盡管美、印、巴關係何其曖昧，但美國與印度將走向軍事合作的態勢已相當明朗。

C. 在全球經濟衰退的情況下，中國的對外貿易進出口依然保持持續增長的勢頭，2001年全年進出口總額與去年同期相比，同比增長7.5%。

D. 最近一段時間，科學院以及幾間大學等紛紛推出自己的學術戒律，力圖在學術腐敗成風的情況下，廓清彌漫在學術及科研領域的道德。

（四）詞句運用（15題）

這部分旨在測試考生對詞語及句子運用的能力。

31. 社會各界更加關心殘疾人群體，殘疾人平等參與社會生活的環境進一步＿＿＿＿＿，現代文明社會的殘疾人觀逐步＿＿＿＿＿。

    A. 改變 取得共識

    B. 改進 深得人心

    C. 改善 深入人心

    D. 完善 初見成效

32. 針對食人魚非法進入本港海域的現象，生態專家環保人士呼籲，應儘快從法律層面建立、完善防護外來物種入侵的生態安全機制，＿＿＿＿＿中國的生態安全。

    A. 維護

    B. 保護

    C. 保持

    D. 維持

33. 隨著信息時代的＿＿＿＿＿，人們對計算能力的需求不斷水漲船高，然而現有基於集成電路的傳統計算機卻漸漸潛力耗盡，＿＿＿＿＿。科學界認為，下一代計算機將是建立在量子層面的，它將比傳統的計算機數據容量更大，數據處理速度更快。

A. 到來 無能為力

B. 深入 力不從心

C. 來臨 回天乏術

D. 開啟 力有未逮

34. 具有同樣波動頻率的人會互相吸引，從而成為親密的朋友；不同類型的人距離再怎麼近，也會彼此漠不關心，甚至相互_____。如果一個你討厭的人試圖接近你，其實說明你們之間在某些方面是存在_____的。

A. 敵視 互補

B. 排斥 共鳴

C. 提防 默契

D. 詆毀 聯繫

35. 隨著歷史意識的覺醒，人們在創造歷史的活動中必然會有意識地記載和傳承歷史，其中包括為自己的歷史活動提供道德倫理和政治等方面的依據，修飾、篡改乃至_____不符合自身利益的記錄，或者在傳承歷史過程中進行誇大、渲染甚至_____。

A. 隱瞞 杜撰

B. 湮滅 臆造

C. 祛除 污蔑

D. 肅清 捏造

36. 親情從來就沒有「爆款」，它呈現的方式永遠是沉默、隱秘卻又_____的，它樸素、單純，甚至有些笨拙，時代的間隔、環境的差異，或許會讓父輩對新鮮事物感到茫然無措，但即便是_____，從零開始，只要是能夠讓子女獲得開心，擁有幸福，就再也沒有絲毫的_____和遲疑。

A. 樸實 一無所有 猶豫

B. 深邃 一無是處 停頓

C. 質樸 一無所獲 游移

D. 深刻 一無所知 退縮

37. 人與人之間的相處，彼此需要有一些空間，有時太過親近，不小心失了_____，口無遮攔，就會造成彼此的緊張和傷害。

A. 氛圍

B. 空間

C. 分寸

D. 和氣

38. 知識分子與權力之間應該保持一種怎樣的關係？擁抱還是抵制？胡適的選擇很特別，他在大方向上不反對國民黨政權，但他終生不願當官，他看重的是知識分子獨立發表見解的_____。翻遍《胡適年譜》，不難發現，作為知識分子領

PART ONE
題庫練習

PART TWO
模擬試卷

PART THREE
考生急症室

袖，他一生與知識分子往來最多，其次是與國民黨高層頗多
交流，但幾乎從無和新興的企業家階層交往的記錄。拋開中
產階級而欲求民主、自由，無異於＿＿＿＿＿，這大概是胡適的
局限，也是其他自由主義者應該深思的問題。

A. 權力 刻舟求劍

B. 自由 南轅北轍

C. 權利 緣木求魚

D. 權益 水中撈月

39. 白話文、英文、德文並不一定代表＿＿＿＿＿，文言文也不一定
代表＿＿＿＿＿。在文言文的世界裡，我們可以發現太多批判的
精神，太多超越現代的觀念，太多先進的思想。

A. 開放 守舊

B. 現代 傳統

C. 現代 落後

D. 高雅 庸俗

40. 前不久，我回到了故鄉，見到了兒時的伙伴。大家暢所欲言。從兒時的單純有趣，到畢業前的難捨難依。更多地聊到畢業到工作的經歷，有人談及工作中的一些成績時，_____，一臉的優越感；而也有一些人是滿腹牢騷，面對現實中的落差時，_____，滿是沮喪和失落感。

A. 眉開眼笑 自暴自棄

B. 口若懸河 望洋興嘆

C. 滔滔不絕 自慚形穢

D. 眉飛色舞 自怨自艾

41. ① 西漢時期的揚雄就提出了「書為心畫」，這個觀念深入人心

② 明代湯顯祖寫的《牡丹亭》裡面，柳夢梅則透過自畫像上的題字風格來想像杜麗娘的靈心慧性

③ 元代王實甫的戲曲《西廂記》中，張君瑞曾通過書信的字跡揣摩崔鶯鶯的心態

④ 在中國，自古以來，人們普遍認為字跡就是心跡

⑤ 這兩個戲曲情節反映了社會大眾對於字跡的普遍認識

A. ①③②⑤④

B. ④①③②⑤

C. ④②③①⑤

D. ①②③⑤④

42. ① 舊大陸的大西洋沿岸，漂浮的低氣壓風暴穿越墨西哥洋流的溫暖水域，在西歐形成了比較濕潤和溫暖的氣候

② 接著，這又為原始人類和其他大型食肉動物提供了豐富的食物來源

③ 因此，植物生長茂盛，維持了北極圈以南地區大量食草動物的生存，比如猛獁象、馴鹿、野牛等

④ 大約3萬年前，歐洲、亞洲北部和美洲的冰川開始融化

⑤ 觸發人類歷史的生態變化都與北半球大陸冰川最後一次消退有關

⑥ 在光禿禿的地表上，凍原和稀疏的森林首次生長出來

A. ①②⑤④⑥③

B. ④⑥①②③⑤

C. ⑤④⑥①③②

D. ⑥①③⑤④②

43. ① 草原上大量的事例已經證明這些帝國都是曇花一現

② 這些民族在歷史上是一股巨大的力量

③ 這種壓力不斷地影響著這些地區歷史的發展

④ 世界上遊牧民族大都生息在歐亞大草原上

⑤ 他們的歷史重要性在於他們向東、向西流動時，對中國、波斯、印度和歐洲所產業的壓力

⑥ 他們的歷史重要性主要不在於他們所建立的帝國

A. ①④⑥⑤③②

B. ①⑥⑤③④②

C. ④②⑥①⑤③

D. ④①⑥⑤②③

44. ① 二十一世紀五、六十年代，許多信息靈通人士認為蘇美之間的核戰爭不可避免

② 預測是否實現，依賴於人們如何作出反應

③ 因為人們意識到了它的可能性

④ 任何預測都不是自我實現的或非自我實現的

⑤ 但是這場核戰爭並未發生

⑥ 並推動了核武器控制和其他安排來確保它不發生

PART ONE
題庫練習

PART **TWO**
模擬試卷

PART THREE
考生急症室

A. ④①③⑤⑥②

B. ②①⑤④③⑥

C. ②①⑤③④⑥

D. ④②①⑤③⑥

45. ① 如果你沒有過走進別人內心世界的機會，你就永遠不會理解歷史和個體的複雜性

② 只要你進入過一次別人的內心世界，你再看待其他人的時候，你就會去考量：是不是我把自己的觀點強加在了人家身上？

③ 我們以前老講「要推己及人，要學會寬恕」，大多數人會認為這是一個態度問題，即要學會去體諒別人

④ 實際上，態度固然重要，但更核心的是能力問題

⑤ 因為人都以自我為中心來看世界，所以才看不到別人經歷的東西

A. ③①⑧④⑤

B. ③④⑤②①

C. ③④①⑤②

D. ①②⑤③④

【模擬測驗(二)答案】

(一) 閱讀理解
I. 文章閱讀 (8題)

1. B

解析:根據第一段中提到的「月亮繞地球一周所需時間為29.53059天,地球繞太陽一周所需時間為365.242216天」可知,(a)提到的是月亮的「運轉」情況,而提到的是太陽的「周期」情況。故正確答案為B。

2. D

解析:由文中第二段第一句話就講「節氣是完全跟太陽走的」,這句話的意思就是說二十四節氣是觀察太陽運行的軌跡來確定的。故正確答案為D。

3. C

解析:A項小月是指陽曆一個月三十天或農曆一個月二十九天的月份;B項是指月亮的月相,並非文意要表達的意思。根據後文的語境義可作出判斷,尤其是「閏年多一個月就有384天」這一句,閏年肯定是與閏月相對應的。故正確答案為C。

4. B

解析:根據材料語意,陰曆完全是依據月亮的圓缺。而月亮的圓缺就是繞地球公轉引起的,月亮繞地球一周所需時間為29.53059天,以一月為29.53天,恰恰是陰曆的計算方法,所以B項描述的不是陽曆算法。故正確答案為B。

5. A

解析:「基因的序列和功能的知識」是本來就存在,不是人類新開發出來的,所以第一個空應填「發現」;「技術」是人類的發明創造出來,第二個空用「發明」更合適。因此,正確答案為A。

6. D

解析:「必竟」中的「必」是必然、一定的意思,不符合文意,應改成「畢竟」,「畢」這個字有究竟,到底的意思。故選D項。

7. B

解析:閱讀四個選項,只有B項語序不當,應改為「常常是被國外無償的掠奪」。因此,正確答案為B。

PART ONE
題庫練習

PART TWO
模擬試卷

PART THREE
考生急症室

8. C

解析：文段中「由於經濟利益的驅動，已有2,000個「功能已知的基因」被授予專利。這樣，受譴責的「基因專利」便獲得公認，迫使人們改變原來的倫理觀念，不得不參加「基因爭奪戰」。因為人類基因組的基因總數是有限的，必竟只有6萬到10萬個。每有一個基因獲專利，就等於少了一個基因」，可以得出A、B、D三項內容。因此，正確答案為C。

II. 片段／語段閱讀（6題）

9. C

解析：根據提問方式「想」一詞可知考查隱含主旨。由材料可知，收視率受不同播出時段、不同受眾規模等因素的影響，而市場競爭情況涵蓋了受眾層次、播出季節、播出時段等因素，故「市場競爭情況」能全面概括影響收視率的因素。故正確答案為C。至於A、B、D項則概括不全面。

10. A

解析：根據提問「符合」可知該題為細節判斷題。根據材料最後一句「幾乎每個人都認為自己是在貶值前提下發揮著自己價值的」可知，每個人都有潛在價值可以發揮，而每個人也都相信這一點，自然會對自己的人生價值有所不滿，A項正

確。雖然知道有潛在價值可以發揮，但是如何發揮仍是一個未知數，所以「對自己的前途充滿著信心」無法體現，排除B項。C選項「被低估」文中並未提及，而是「自己認為」，D項論述沒有依據，文中沒有談到任何的「相對」性，排除。故正確答案為A。

11. A

解析：文段首先說閱讀經典時，讀者要與經典進行密切對話；接著指出在這個對話過程中，讀者要不斷「生發」出新的東西來。可見。文段落腳點在「生發」，故答案選A。

12. D

解析：據提問「主要」可知此題問表面主旨題。材料首先提出「森林是直接影響人類能否生存下去的生態因子」，然後用「製造氧氣」、「造雨」來說明森林對人類生存的重要作用，所以材料主要表達的內容是森林是人類生存環境的重要組成部分，D項符合文意。

A、B選項只是表現森林重要作用的其中一部分，所以不選。

C選項是干擾項。「搖籃」是指發源地。材料重點說的是森林對於人類生存的重要性，而非說起源，故正確答案為D。

13. C

解析：由於問題是「最不容易患互聯網拖延症的一項」，可以將答案鎖定在最後一句「而令人愉悅的工作、更直接的回報、更大的機會，會讓人有動力完成的更快」。A、B項在文中體現不出來，D項屬於「對成功的確定性大」的範圍，是容易拖延的。C項與原文「令人愉悅的工作」相關，故正確答案為C。

14. B

解析：此題為非典型的表面主旨題。「題中應有之義」指主題中應包含的義理。材料理解為「人人有飯吃、可以表達個人看法」是構建和諧社會應包含的義理，即「人人有飯吃、可以表達個人看法」是構建和諧社會的「必要條件」。故正確答案為B。A項的「主要特徵」，C項的「最高標準」，A項的「最終目標」都不是「題中應有之義」的同義替代。

（二）字詞辨識（8題）

15. A

解析：B頌—誦，C漲—脹，D堰—偃

16. C

解析：A牙牙學語；B蒙蔽；D為人所不齒

17. C

解析：A「扶」應為「撫」；B項「己」應為「已」；D項「藍」應為「籃」。

18. D

解析：A應為「咄咄逼人」，B應為「彩稜鏡」，C應為「奇怪」。

19. B

解析：簡化字「术」的對應繁體字為「術」

20. C

解析：簡化字「朴」的對應繁體字為「樸」

21. B

解析：簡化字「辟」的對應繁體字為「闢」

22. A

解析：繁體字「家」的對應簡化字為「家」

PART ONE
題庫練習

PART **TWO**
模擬試卷

PART THREE
考生急症室

（三）句子辨析（8題）

23. D

解析：A項語病是不合邏輯，句中的主客位置顛倒，誰對誰的實力清楚呢？全句話只是中國隊的事，「中國足球隊」為主語，「對」應放在「韓國隊」前。B項語病是結構混亂，「出乎意料」與「在意料之外」兩個短語套疊使用，只可以保留一種形式。C項語病是搭配不當，句子前後部分不能照應，「能否」在上半句沒有內容可以照應。

24. A

解析：B項有歧義，C項肯否不照應，D項「竹畫成為」、「題材」搭配不當，刪去「畫」字。

25. C

解析：A項缺主語，可刪掉「使」；B項語序不當，應為「所使用過的各式各樣的……」，D項在「由」之後加「從」，構成介詞結構「從……中」。

26. A

解析：B「由於」使句子主語殘缺，「由於」應放在「公務員」之後；C「將」與「了」相矛盾；D只爭「冠軍」，不爭「亞軍」。

27. D

解析：A「令人」贅餘；B句式雜糅，應去掉「競選」或把「角逐」改為「參加」；C語序不當，應為「人員的傷亡報告」。

28. C

解析：A除此而外應改為除此以外，愚見就是指自己的見解，應改為愚以為，很字最好刪去，很一般不修飾動詞。B它指代不明。表意不明。在第二分句前要做一個總體介紹。D前人栽種贅餘，旬：十歲為一旬，旬應改為歲，明朝時已普遍種植主語不明。

29. D

解析：A項語序不當，把「神秘」移到「咒語」的前面。B項「從內心裡」與「由衷」重複。C項結構混亂，刪「是可想而知的」。

30. A

解析：B「盡管」與「何其」搭配不當。刪去何其或換成很，盡管所引領的句子它陳述的應該事實。何其是多麼的意思，主要是表感嘆。　C錯在「與同期相比，同比增長7.5%」，語義重複，應去掉「與同期相比」或「同比」。D錯在「廓清彌漫

在學術及科研領域的道德」成分殘
缺,應為「廓清彌漫在學術及科研
領域的道德迷霧」。

(四)詞句運用(15題)

31. C

解析:先看第一空,由前面「更
加」這一遞進詞可知,「殘疾
人……的環境」是得到了進一步「
改善」。「改變」指變化,產生顯
著的差別;「完善」指使完備美
好,這兩個詞用於此皆不合語境。
「改進」和「改善」都有改變過去
的狀況,使比原來更好的意思,但
「改善」的對象常識生活、環境、
條件等,而「改進」的對象常常是
工具、工作、方法。故選C。

再看第二空,根據句意,「殘疾
人……環境」得到改善,正說明了
文明社會的殘疾人觀「深入人心」
。「取得共識」的對象是兩者或兩
者以上;「深得人心」是指得到廣
大人民的熱烈擁護,不合語境;「
初見成效」與「逐步」相矛盾。故
正確答案為C。

32. A

解析:題幹中說的是食人魚非法進
入本港海域,生態專家呼籲採取措
施,以免生態安全遭到破壞。選項

中,A項「維護」指維持保護,使免
於遭受破壞。「維護」可與「生態
安全」相搭配,填入空格內符合文
意。

B項為干擾項,「保護」指盡力照
顧,使自身(或他人、或其他事物)的
權益不受損害,「保護安全」搭配
不妥,予以排除;「維持」和「保
持」,這兩個詞都沒有「使……免
受侵害」的意思,根據語境,排除
C、D項。故正確答案為A。

33. B

解析:第一空,「水漲船高」比喻
事物隨著它所憑借的基礎的提高而
增長提高。此處的「水」指的是信
息時代,「船」指的是人們對計算
能力的需求。故此處句意應表示隨
著信息時代不斷向前推進,人們對
計算能力的需求也不斷增長。「到
來」、「來臨」、「開啟」均表示
的是進入信息時代,只有「深入」
能與「水漲」構成對應。且由常識
可知,我們早已進入信息時代,對
更高級計算機的需求是信息時代持
續發展的結果。第二空填入「力不
從心」亦與前文「漸漸潛力耗盡」
相對應。故本題選B。

34. B

解析:由「甚至」可知,橫線處所
填詞應與「漠不關心」構成遞進關

PART ONE
題庫練習

PART TWO
模擬試卷

PART THREE
考生急症室

係。顯然「提防」不符合句意,排除C。由「具有同樣波動頻率的人會互相吸引」可知,如果一個你討厭的人試圖接近你,説明你們存在同樣的波動頻率。故第二空應填入表共同點的詞語,顯然「共鳴」比「互補」和「聯繫」更符合句意。故本題答案為B。

35. B

解析:第一空,通過「乃至」可知,填入橫線處的詞語與前內容「修飾、篡改」形成遞進關係,B項「湮滅」指消滅、磨滅,可構成遞進關係,保留;A項「隱瞞」指「遮蓋真相」,並不能與「篡改」構成遞進關係,排除;C項「袪除」指消除、除去,一般指袪除一些不好的東西,使其變好,與文段感情色彩不符,排除;D項「肅清」指整頓,含褒義,與文段感情色彩不符,排除。第二空,代入驗證,通過「甚至」可知,此處再次考查遞進關係,即比前文「誇大、渲染」程度更重,B項「臆造」指憑主觀臆想編造,符合文意,當選。

36. D

解析:本題可從第二空入手。分析文意,父輩在遇到新鮮事物時感到茫然無措,即他們不知道怎麼辦才好,且橫線後強調「從零開始」,即什麼事都從頭開始,故橫線處應體現他們「不知道」之意, D項「一無所知」意為什麼也不知道,符合文意,保留;A項「一無所有」側重形容一個人什麼都沒有,多搭配錢財、成績等,但文段並未體現這一含義,排除;B項「一無是處」側重人或物沒有一點用處,含貶義,文段並沒有貶低父輩之意,與文段感情色彩不符,排除;C項「一無所獲」側重於什麼東西都沒有獲得,文段並沒有強調做什麼事後毫無收獲,不符合文意,排除。第一空代入驗證,「深刻」與橫線前的「沉默、隱秘」體現出親情的低調卻深厚,保留。第三空代入驗證,「退縮」與「遲疑」構成並列關係,符合文意,當選。

37. C

解析:由題意可知,人與人相處需要有一些「空間」,而「空間」與選項中的「分寸」相對應,另外「有失分寸」為常用搭配。A、D項均無法與「空間」對應,B項「失了空間」搭配不當,而且與前文用詞重複,因此排除,故正確答案為C。

38. C

解析:首先觀察第一空,「權力」、「權益」都不符合習慣搭配,排除A、D;再觀察第二空,「南轅北

轍」和「緣木求魚」都指找錯了方向，達不到目的，但「南轅北轍」過於絕對，是指完全相反的兩個方向，非此即彼，不符合文段的語境，排除B。故正確答案為C。

39. C

解析：由文中「批判」和「超越現代」可知，D項不合適。而B項的「現代」和「傳統」屬於中性詞，用在文中不能表達作者的態度傾向性，排除。單就反義而言，A項與C項都有合理性，但A項的「開放」與「守舊」與後文的描述不符，聯繫後文的「太多批判」、「超越現代」和「太多先進」可知後一空應該填「落後」。故正確答案為C。

40. D

解析：本題屬於成語辨析題。「眉飛色舞」和「眉開眼笑」都形容人高興的樣子，前者偏重「得意」，後者偏重「快樂」。根據文中「一臉的優越感」，可知第一個空白處應填「眉飛色舞」。「口若懸河」和「滔滔不絕」和語境不符。「自暴自棄」指自己瞧不起自己，甘於落後或墮落，用在這裡語氣過重。「望洋興嘆」比喻做事時因力不勝任或沒有條件而感到無可奈何，側重無可奈何。「自慚形穢」側重慚愧。「自怨自艾」側重埋怨、失

望、頹廢。與句中「滿是沮喪和失落感」相呼應，第二個空白處應填「自怨自艾」。故答案為D。

41. B

解析：由①的「西漢時期」、②的「明代」、③的「元代」可知，這三句的排序應符合朝代的先後順序，即應為①③②，排除 C、D。

④提出「在中國，自古以來，人們普遍認為字跡就是心跡」的觀點，①③②均是對其的例證，且①的「書為心畫」是對④句的「字跡就是心跡」的同義轉述，二者話題相關，應緊密相連，即順序為④①③②，排除A。故本題選B。

42. C

解析：②「這又為原始人類和其他大型食肉動物提供了豐富的食物來源」中的「這」指的應是③中的「大量食草動物」，故③②應相連，與此相符的只有C項。故本題選C。

43. C

解析：首先觀察四個選項，放在邏輯起點的句子有①和④，但是①含有指示代詞「這些」指代不明，據此可排除A和B選項；再來觀察C和D選項，①中所提到的「這些帝

國」指代的是⑥中的「他們所建立
的帝國」，所以⑥①銜接恰當，選
C，⑥⑤銜接不當，排除D。

44. D

解析：②和④都談的是「預測」，
關係比較緊密，故應連接在一起。
序號⑤出現轉折詞「但」，是對於
①進行轉折，故應①⑤前後相承，
據此排除A。③和⑥形成因果關係，
並且是對⑤進行了原因分析，故應
①⑤③⑥相連。故正確答案為D項。

45. B

分析：第一個句子要麼是③要麼
是①，而①以「如果」開頭，因此
可以先排除D，確定首句是③。第
二句要麼是①要麼是④。根據重複
詞語，或者寫作思路，可知③④相
鄰，構成轉折。再根據B、D選項，
同樣可以確定④⑤這個排序。

1） 每隔多久考CRE一次？

CRE一年考兩次，分別在6月和10月考試。

2） 什麼人符合申請資格？

- 持有大學學位（不包括副學士學位）；或
- 現正就讀學士學位課程最後一年；或
- 持有符合申請學位或專業程度公務員職位所需的專業資格。

3） 「綜合招聘考試」(CRE)跟「聯合招聘考試」(JRE)有何分別？

在CRE中英文運用考試中取得「二級」成績後，可投考JRE，考試為AO、EO及勞工事務主任、貿易主任四職系的招聘而設。

4） 可否使用CRE的成績來申請政府以外的工作？

CRE招聘考試是為招聘學位或專業程度公務員職位而設的基本測試，而非一項學歷資格。

PART ONE
題庫練習

PART TWO
模擬試卷

PART THREE
考生急症室

5) 如遺失了CRE考試／基本法測試的成績通知書，可否申請補領？

可以書面（地址：香港添馬添美道2號政府總部西翼7樓718室）或電郵形式（電郵地址：csbcseu@csb.gov.hk）向公務員考試組提出申請。

看得喜 放不低

創出喜閱新思維

書名	公務員招聘 中文運用 精讀王NOTE
ISBN	978-988-74806-3-1
定價	HK$128
出版日期	2020年9月
作者	Fong Sir
責任編輯	鄭浩文
版面設計	梁文俊
出版	文化會社有限公司
電郵	editor@culturecross.com
網址	www.culturecross.com
發行	香港聯合書刊物流有限公司
	地址：香港新界大埔汀麗路36號中華商務印刷大廈3樓
	電話：（852）2150 2100
	傳真：（852）2407 3062

網上購買 請登入以下網址：

一本 My Book One　　　　超閱網 Superbookcity　　　香港書城 Hong Kong Book City

🌐 www.mybookone.com.hk　🌐 www.mybookone.com.hk　🌐 www.hkbookcity.com